ESG
合规管理实务
与前沿问题

ESG
COMPLIANCE MANAGEMENT PRACTICE
AND FRONTIER ISSUES

蒋 姮　王志乐

主 编

社会科学文献出版社
SOCIAL SCIENCES ACADEMIC PRESS (CHINA)

《ESG 合规管理实务与前沿问题》
编委会

前　言

王志乐[*]

2004 年，联合国全球契约组织（United Nations Global Compact）与一些金融机构联合发布了《关心者赢》（Who Cares Wins）的报告，首次提出了 ESG 投资的概念。ESG 是 Environmental（环境）、Social（社会）和 Governance（公司治理）三个单词的缩写。近 20 年来，ESG 规则越来越受到国际组织、各国监管机构的重视，ESG 投资原则也越来越得到国际投资公司和资产管理机构的关注，ESG 合规管理也越来越成为全球著名企业的实践重点之一。

ESG 的兴起与发展跟合规管理的兴起与发展有一个共同的背景，就是经济全球化。最新一轮经济全球化，也就是我们正在经历的经济全球化是在 20 世纪 70 年代起步的。那个时候出现了石油危机，美元脱离了布雷顿森林体系开始自由浮动，出现了货币的全球化、债券的全球化、股票的全球化，也就是金融全球化。金融全球化带动了全面的经济全球化。

1991 年苏联解体之后，世界大环境特别是经济环境变了，出现了全球统一的市场。经济全球化大发展取得一个重要成果——全球型公司形成，而且这些全球型公司构建了一大批全球价值链，形成

---

* 王志乐，北京新世纪跨国公司研究所弘道合规研究中心主任，联合国全球契约组织第十项原则中国专家。

覆盖全球的经济网络。

经济全球化的急速发展，创造了经济繁荣，同时也放大了企业的全球风险。这些风险主要分布在三个领域，即生态环境、社会问题（人权、劳工问题）和公司治理。联合国第七任秘书长科菲·安南在 1999 年达沃斯经济论坛上提出一个严峻的问题。他认为，全球化不仅带来了财富，还带来了一系列风险。因此，他认为企业应该承担更多的责任。

在科菲·安南的倡导下，50 多家著名企业于 2000 年在联合国总部成立了联合国全球契约组织，提出人权、劳工标准和环境三方面九项原则。后来又增加了第十项反腐败原则。现在有 20000 多家国际著名企业参加，接受全球契约十项原则。事实上，全球契约十项原则是企业合规以及推进 ESG 的核心内容。

联合国全球契约组织在推进 ESG 和推进合规方面都起到了重大的作用。现在 ESG 已被纳入投资决策和投资评价，并成为全球性的潮流。越来越多的国家、政府、监管部门要求企业进行 ESG 非财务信息的披露。世界主要经济体，特别是那些发达的经济体大多明文要求企业提供 ESG 非财务信息的披露。

显然，ESG 兴起的大背景就是这一轮的经济全球化。ESG 全球范围兴起的起点是联合国全球契约组织成立及其倡导的十项原则。

ESG 规则的提出有三个重要的来源。一是 20 世纪 70 年代开始兴起的可持续发展理念。1972 年《增长的极限》出版，提出当时的发展模式会导致人类环境不可持续。二是七八十年代消费者权益问题、劳工权益问题得到关注，实际是 ESG 里面的"S"问题。三是八九十年代开始关注公司治理问题，但是真正得到高度重视始于 2001 年"安然事件"。

2004 年，联合国全球契约组织提出了 ESG 概念。2006 年，联合国环境规划署发布将环境、社会治理问题纳入机构投资的法律框架。同年，联合国负责任投资原则组织在纽交所发布了"负责任投资原则"（PRI）。2009 年 11 月在联合国贸易和发展会议上，多个组织发起了成立可持续证券交易所的倡议。可持续保险原则和可持续银行原则陆续提出，ESG 成为投资者评价一个企业决策的基本依据。

如果我们跟踪合规管理的发展轨迹，可以发现，新一轮全球范围的强化合规管理比 ESG 的发展还要早一些。如上所述，可以将 1973 年石油危机带来的金融全球化看作新一轮经济全球化的起点。1976 年经济合作发展组织（OECD）发布了《跨国公司行为准则》，这是企业合规管理的第一个国际通行规则。后来，ESG 涉及的领域在这个准则里都有所体现，如环境问题、劳工问题、反腐败问题。

1977 年美国出台《反海外腐败法》，后来逐步影响到 OECD 和日本。2003 年联合国制定《反腐败公约》，2005 年该公约开始正式实施。

2005 年巴塞尔银行监管委员会发布《合规与银行内部合规部门》专门文件。中国引进"合规"规则最早的是金融界。2006 年，银监会、保监会要求中国的银行和保险公司遵守这个规则，在金融企业内建立合规管理组织。

2010 年，世界银行出台了《廉政合规指南》。

2014 年国际标准化组织出台了《ISO 19600 合规管理体系指南》。

合规和 ESG 的发展轨迹是高度重合的，其中一个关键的组织就是联合国全球契约组织，合规与 ESG 都是由它提出并加以推进的。

目前，国内越来越多的企业参与 ESG 的实践，越来越多的机构推动落实 ESG 投资理念和原则，越来越多的政府监管机构加强 ESG 监管。这一趋势，对中国企业的发展有着深远的影响。

2001 年中国加入世界贸易组织。20 多年来，中国经济全面融入世界，中国企业从小到大迅速发展。目前，中国（台湾地区除外）已经有 136 家企业进入《财富》世界 500 强排行榜。这个数量超过美国，居世界第一位。如果说，入世后中国企业已经从小到大，那么，现在面临的挑战是如何从大到强。从大到强显然不仅仅是经营规模扩大和技术等硬实力增强，企业真正做强，还必须增强软实力，包括增强合规竞争力。企业强化和实践 ESG 规则就是增强合规竞争力的重要内容。

近 20 年来，ESG 规则形成、发展并影响全球。对于投资公司或资产管理公司而言，ESG 是投资原则；对于评级机构而言，ESG 是评价指标；对于企业而言，ESG 则是应当遵循的国际通行规则，是企业高质量发展进而打造世界一流企业的路径。

当前，推进 ESG 原则或规则的关键是推动企业开展 ESG 的实践。根据我们协助企业强化合规管理实践多年来的经验，我们认为，把 ESG 纳入合规管理体系建设就是企业实践 ESG 的重要路径。

ESG 与合规管理是什么关系呢？

首先，ESG 是合规管理的核心专项内容。

2000 年联合国全球契约组织提出九项原则，包括人权两项、劳工标准四项、环境三项，2004 年 6 月 24 日增加了第十项反腐败原则。

这十项原则是全球范围推进合规管理的基本内容。例如，西门子公司合规管理涉及的领域有反腐败、反洗钱、反垄断、隐私数据保护、人权保护和出口管制六个方面。这六个方面实际上涵盖了全球契约十项原则的大部分内容。再如，中国国务院国资委发布的《中央企业合规管理办法》要求，"中央企业应当针对反垄断、反商业贿赂、生态环保、安全生产、劳动用工、税务管理、数据保护等重点领域，以及合规风险较高的业务，制定合规管理具体制度或者专项指南"。文件中列举的七个专项也包含了全球契约组织十项原则的主要内容。

关于 ESG 的三个方面，环境方面的内容体现在全球契约组织十项原则中的第七、八、九项原则；社会方面的内容就是十项原则中人权、劳工标准下的六项原则；公司治理方面体现在第十项原则，即反腐败。当然，公司治理不仅是反腐败，还有反舞弊、反欺诈等，也涉及公司治理结构问题。

显然，由于 ESG 源于联合国全球契约组织的十项原则，其基本内容与全球契约组织倡导的企业合规管理高度重合。甚至可以说，ESG 是合规的核心内容，也是主要的专项内容。事实上，国际上的跨国公司以及我国企业在建立合规管理体系时，往往把 ESG 作为专项合规内容纳入合规管理体系。

其次，合规管理是 ESG 得以实施的抓手。

合规不是一般意义上的遵规守法，而是一个组织自愿主动地把履行合规义务，包括防范合规风险、遵守法律法规、履行合规承诺，以及遵循职业操守和道德规范等转化为本组织的管理活动。也就是把合规嵌入组织业务全流程的各个环节，纳入组织全员参与的、常态化的、可持续的管理活动。

以企业法治建设为例，法治建设要真正落地，就需要把法治目标转化为一个企业常态化的、全员参与的、全流程的管理活动。所以合规管理应成为法治企业的抓手。ESG 也有一个如何落地的问题。如果把它纳入合规管理体系建设中，就可以变成可操作的而且是常态化的管理活动。

总之，ESG 涉及的环境、社会和治理三方面都是合规管理的核心内容，与此同时，合规管理又是 ESG 在企业落实的抓手。因此，把推进 ESG 与合规管理体系建设联系起来是正确和必要的。正因如此，我们组织编撰了《ESG 合规管理实务与前沿问题》这本书，把 ESG 纳入企业合规管理进行研究和论述。

我们应该把 ESG 转化为合规的一个重要部分，或者使其成为合规体系建设中的专项合规的内容。合规内容范围比 ESG 更宽，ESG 是合规管理的一个专项的重要内容。把 ESG 纳入企业合规管理体系，进行常态化管理，有利于企业得到监管部门的积极评估以及投资者的青睐。

合规管理有三个层面。

首先是微观层面，例如推动企业合规，促进企业建立合规管理体系。国家标准委的《合规管理体系　要求及使用指南》（GB/T 35770—2022）里面明确提出合规管理对象包括但不限于各类企业，还有行政机构等。也就是说，合规管理对象将来有可能扩大到包括政府机构在内的各个社会主体。这与中央提出的法治国家、法治社会和法治政府一体建设的目标相一致，合规管理将成为法治国家、法治社会和法治政府建设的抓手。

其次是中观层面，涉及一个系统或一个地方的合规管理建设。国务院国资委推动中央企业以及地方国企合规管理，就是一个国企系统的合规。在地方层面，例如，深圳正在推进城市区域的合规，纪委监委推进廉洁合规，国资委推进国企合规，检察院推进企业合规第三方监督评估工作促进企业合规改革，宝安区建立促进企业合规建设委员会，龙岗区推进企业环保合规，各个部门合力打造合规平台，使深圳成为企业合规先行示范区。

最后是宏观层面，国家推进合规管理，开展国际间合规合作与博弈。近年来，国家领导人积极倡导和推进合规管理。习近平总书记多次讲到合规。他要求企业家"做到聚精会神办企业、遵纪守法搞经营，在合法合规中提高企业竞争能力"，要求企业在国际化经营中"牢牢把握国际通行规则，加快形成与国际投资、贸易通行规则相衔接的基本制度体系和监管模式"。

习近平总书记在谈到企业走向"一带一路"时提出，要"注意保护环境，履行社会责任，成为共建'一带一路'的形象大使"。在第三次"一带一路"建设座谈会上，总书记强调，"要加快形成系统完备的反腐败涉外法律法规体系，加大跨境腐败治理力度。各类企业要规范经营行为，决不允许损害国家声誉"。总书记提到的保护环境、履行社会责任以及加大跨境腐败治理力度恰好对应 ESG 的三个方面。

推动与合规管理密切关联的 ESG 的发展，显然也需要将其与合规管理的三个层面相衔接。

在微观层面，应该把 ESG 纳入企业合规管理体系建设。在企业建立合规组织架构过程中，关注治理层面的合规。明确企业主要负责人在法治与合规建设中第一责任人的职责，在董事会或高管层设立合规管理委员会统筹协调公司 ESG 的合规工作。在企业合规制度体系建设中，把 ESG 作为重要的专项合规制度。尤其重要的是，在企业合规运行机制中加强对 ESG 的审查、问责和追责。总之，要把 ESG 全面纳入企业合规管理流程的每一个环节。

在宏观层面，应该把 ESG 纳入企业"一带一路"等国际经贸合作中，把推动 ESG 作为积极参与国际经贸规则合作的重要内容。首先，应当了解和把握国际通行经贸规则。国际通行规则往往体现了先进国家在全球市场经济发展中对市场经济规律的把握以及经验和教训的总结。中国企业在融入全球市场体系的过程中首先应当尊重、理解和遵循这些规则，据此可以少走弯路，更快赶上先进国家。ESG 是企业国际化应该遵循的国际通行规则。随着经济全球化进一步发展，现有国际通行规则需要进一步完善，一些新的领域需要补充制定新的规则。在经济全球化中壮大的中国企业将参与新规则的制定、修订和完善。

把 ESG 纳入全国企业正在推进的合规管理体系建设中来，可以使 ESG 的建设具体化、可操作、可落地，进而形成具有中国特色的推进企业合规管理之路，推进企业高质量发展，在参与全球竞争过程中催生越来越多的世界一流企业。

2022 年 12 月 15 日于北京

目　录

总报告

环境社会篇（ES）

公司治理篇（G）

案例实务篇

总报告

中国企业 ESG 合规管理实务研究

蒋 姮*

ESG 是 Environmental（环境）、Social（社会）和 Governance（公司治理）这三个英文单词的缩写。在日趋复杂与多变的大背景下，关注环境（E）、社会（S）与公司治理（G）已经成为中国企业发展道路上的共识。无论是基于实现全球化可持续发展的远景，还是基于共同富裕的国家顶层战略，抑或追求"双碳"目标下的高质量发展，ESG 合规管理都已经成为中国企业重要的解题思路。

一 企业 ESG 合规管理实务基本原理

ESG 概念由联合国全球契约组织在 2004 年 6 月首次提出，主张企业在注重经营的同时应该考虑环境（E）、社会（S）和公司治理（G）三个方面的表现。2006 年，联合国成立负责任投资原则组织（UNPRI）。在 UNPRI 的推动下，ESG 投资的理念逐步形成，ESG 投资的原则正式确立。但 ESG 并非一个凭空产生的概念，它融合归纳了一部分既有概念，并且通过其他衍生概念不断丰富内涵。

* 蒋姮，商务部研究院研究员，北京新世纪跨国公司研究所所长。

（一）ESG 的起源

ESG 投资的理念最早可以追溯到 20 世纪 20 年代，它起源于宗教教会的伦理道德投资。宗教议题是当时社会责任投资的热点，投资者被要求避开一些"有罪"的行业，比如烟酒、枪支、赌博等。

20 世纪 60 年代开始，随着西方国家人权运动、公众环保运动和反种族隔离运动的兴起，资产管理行业催生了相应的社会责任投资理念：在投资策略中开始强调劳工权益、种族及性别平等、商业道德、环境保护等问题。

21 世纪以来，社会责任投资中纳入的对资源短缺、气候变化、公司治理等各类议题的考量，逐渐被归类为环境、社会和公司治理三个方面。直至 2004 年，联合国全球契约组织正式提出 ESG 概念。2006 年，联合国成立 UNPRI，主张企业在注重经营的同时应该考虑环境、社会和公司治理三个方面的表现，涵盖了传统意义上不属于财务分析的其他因素，推动 ESG 投资的原则正式确立。截至 2021 年 3 月底，已有 3826 家金融机构加入 UNPRI，签约机构资产管理规模达 121 万亿美元。

近十年，ESG 投资规模增速远超全球资产管理行业的整体增速，ESG 投资在全球资产管理规模中所占比例不断攀升，在全球主要市场已跻身主流投资方法之列。据全球可持续投资联盟（GSIA）统计，欧洲、美国、加拿大、澳大利亚、日本五大市场中在投资组合选择和管理中考虑 ESG 因素的投资已占资产管理规模的 35% 以上，且比重连年上升。

（二）ESG 与 CSR

ESG 理念源于 CSR（企业社会责任，Corporate Social Responsibility），是目前的共识。CSR 的概念最初于 1924 年由英国学者欧利文·谢尔顿提出。波恩于 1953 年对"人们期待商人承担哪些社会责任"

这一问题的回答系统提出了"企业社会责任"的概念,即"商人制定遵循社会目标和价值观的方针、作出相应决策和采取相应行为的义务"[1]。

1979 年卡罗尔提出了具有里程碑意义的企业社会责任"金字塔"模型,[2] 对企业社会责任的内容进行了界定。"金字塔"模型认为企业社会责任包括四个方面:一是经济责任,即企业应生产社会需要的产品、提供社会需要的服务,并将其出售给社会;二是法律责任,即企业在承担经济责任时应遵循法律的要求;三是道德责任,即企业在经济和法律责任之外还应自愿承担的满足社会期待的其他责任;四是任意责任,这是最为复杂的一项责任,通常涉及个体的选择和判断。卡罗尔认为,在上述四类社会责任中经济责任和法律责任属于强制责任,是所有企业必须履行的社会责任,道德责任属于社会期待企业履行的责任,任意责任属于企业应追求的责任。

我国采用 ISO、IEC 等国际组织的标准,制定了 GB/T 36000—2015《社会责任指南》,其中提出了组织治理、人权、劳工实践、环境、公平运行实践、消费者问题、社区参与和发展七大整体考虑、相互依赖的社会责任核心主题,同时也是 ESG 的核心主题。

其中,组织治理议题的内容为决策程序和结构;人权议题的内容包括公民和政治权利,经济、社会和文化权利,工作中的基本原则和权利;劳工实践议题的内容包括就业和劳动关系,工作条件和社会保护,民主管理和集体协商,职业健康安全,工作场所中人的发展与培训;环境议题的内容包括污染预防,资源可持续利用,减缓并适应气候变化,环境保护、生物多样性与自然栖息地恢复;公平运行实践议题的内容包括反腐败,公平竞争,在价值链中促进社会责任,尊重产权;消费者问题议题的内容包括公平营销、真实公

[1] Howard R. Bowen, *Social Responsibilities of the Businessman*, University of Iowa Press, 2013.

[2] Archie B. Carroll, "The Pyramid of Corporate Social Responsibility: Toward the Moral Management of Organizational Stakeholders," *Business Horizons* 34, 4 (1991).

正的信息和公平的合同实践，保护消费者健康安全，可持续消费，消费者服务，支持及投诉和争议处理，消费者信息保护与隐私，基本服务获取，教育和意识；社区参与和发展议题的内容包括社区参与，教育和文化，就业创造和技能开发，技术开发和获取，财富和收入创造，健康，社会投资。

（三）ESG 与大合规

"合规"这个词是舶来品，由英文"compliance"翻译而来。从字面上看，compliance 的意思就是"顺从、服从、遵从"。至于遵从什么，有广义和狭义之分。

狭义的合规，指遵从落实监管对公司和（或）公司中特定人员及其行为的强制性要求。重点在强制性要求，体现为强制性义务。比如，2005 年巴塞尔银行监管委员会发布的《合规与银行内部合规部门》文件中就采用了狭义的合规概念。根据该文件，"合规风险"是指"因未能遵循法律、监管规定、规则、自律性组织制定的有关准则，以及适用于银行自身业务活动的行为准则而可能遭受法律制裁或监管处罚、重大财务损失或声誉损失的风险"。

广义的合规，则是指履行组织的全部合规义务，包括合规要求与合规承诺。广义的合规除了强制性合规要求以外，还包括企业自愿遵循的合规承诺。目前无论是有关合规管理体系建设的国家标准，还是国资委、国家发改委等相关部委发布的合规管理办法或指引，都采用了广义的合规，即大合规的概念。

根据 2022 年 10 月 1 日施行的《中央企业合规管理办法》第三条，合规"是指企业经营管理行为和员工履职行为符合国家法律法规、监管规定、行业准则和国际条约、规则，以及公司章程、相关规章制度等要求"。

2018 年 12 月 26 日，国家发改委、外交部、商务部、中国人民银行、国务院国资委、国家外汇管理局、全国工商联七部门联合发布《企业境外经营合规管理指引》，指引第三条界定了合规概念，其"是指企业及其员工的经营管理行为符合有关法律法规、国际条约、监管规定、行业准则、商业惯例、道德规范和企业依法制定的章程及规章制度等要求"。这里也是采用的大合规概念。

2022 年 10 月 12 日国家市场监督管理总局和国家标准化管理委员会发布并实施国家标准《合规管理体系 要求及使用指南》（GB/T 35770—2022/ISO 37301：2021），该文件定义了合规概念，指的是履行组织的全部合规义务，而合规义务是组织强制性地必须遵守的要求以及组织自愿选择遵守的要求。其也是采用了大合规的概念。

可见，我国相关政府部门的指引、管理办法和标准都采用了大合规的概念。大合规蔚然成风，除了体现在相关政府部门的政策性文件上，在许多大型公司和跨国公司的合规管理实践中，大合规也早已成为公司治理的标准配置。这背后的原因是什么呢？

一个重要的原因在于信息技术发展的特点。近年来，互联网科学技术爆炸性发展。随之而来的是企业的经营方式、研发方式、流程管理、价值链构成等方方面面均出现全新的快速迭代或变化，这种变化的速度经常超出了法律调整的速度。但正是强制性法律法规尚未调整到的部分，蕴含着更多突变性的经营风险，需要企业审时度势提前布局和考虑，才不至于在未来与强制性监管方向背道而驰而面临刹不住车的颠覆性风险。

另一个重要的原因在于信息传播发展的特点。近年来，移动互联网和自媒体强势崛起，随之而来的是信息传播的方式和速度实现了前所未有的升级。企业虽然没有违法，但是如果违反了商业伦理，违反了利益相关方的期待的话，不利的社会舆论对企业品牌、声誉等核心资产可能造成的损害会被急剧放大，甚至一夜扩大到全球范围，使企业失去市场和业务伙伴等的信任。在新媒体时代背景下，一旦企业的品牌和信任资产遭到严重破坏，其损失往往难以挽回。即使企业最终被认定并没有违反强制性监管规定，其仍然可能对企业的生存造成直接威胁，给企业带来颠覆性灾难。

正是由于信息技术发展和信息传播方式出现前所未有的巨变，许多企业的合规管理也就从原先狭义地专注于不违反强制性合规要求，转向更具前瞻性地将那些强制性规定尚未调整到位，但是对于企业的存亡可能具有重大影响的风险点，比如商业伦理、社会期待、公序良俗、民族文化等构成的规范，转化为"合规义务"，并通过合规管理体系建规立制，内化为企业自身的规章制度，要求全员遵守。

法律是法不禁止皆可为，但合规比合法的范围要小，合法的事不一定合规。所以 ESG 合规师的职业任务也不同于律师。2021 年 3 月，人力资源和社会保障部会同国家市场监督管理总局、国家统计局正式将企业合规师纳入《中华人民共和国职业分类大典》，正式确立了企业合规师的职业地位。企业合规师（职业编码 2 - 06 - 07 - 14）的定义是：从事企业合规建设、管理和监督工作，使企业及企业内部成员行为符合法律法规、监管要求、行业规定和道德规范的人员。

据此，企业 ESG 合规师的主要工作任务有七个方面。第一是制定企业 ESG 合规管理战略规划和管理计划；第二是识别、评估 ESG 合规风险与管理企业的 ESG 合规义务；第三是制定并实施企业内部 ESG 合规管理制度和流程；第四是开展企业 ESG 合规咨询、ESG 合规调查，处理 ESG 合规举报；第五是监控企业 ESG 合规管理体系运行有效性，开展 ESG 合规的评价、审计、优化等工作；第六是处理与外部监管方、合作方相关的 ESG 合规事务，向服务对象提供 ESG 相关政策解读服务；第七是开展企业 ESG 合规培训、考核、宣传及文化建设。

（四）ES 与合规管理

环境与社会方面的合规管理具体包含哪些内容，国内外没有统一标准。其主要问题是如何将 HSE［Health（健康），Safety（安全），Environment（环境）]、CSR 等概念所包含的环境和社会两大领域的风险识别与防范目标融入企业日常经营管理和决策程序中，即融入企业合规管理体系中，融入合规义务识别、组织架构、规章制度、运行机制、文化建设、监督考核等合规管理板块中。

环境（E）一般涉及环保和可持续发展等内容，包括温室气体排放、环境政策、废物污染及管理政策、能源使用或消费、自然资源（特别是水资源）使用和管理政策、生物多样性等。比如，国际金融公司（IFC）《环境与社会可持续性绩效标准》对环境的核心关注点体现为两个方面的绩效标准，即资源效率和污染防治、生物多样性保护和生物自然资源的可持续管理。联合国全球契约组织（UNGC）十项原则的核心关注点体现为三项原则，即企业应对环境挑战未雨绸缪、主动增加对环保所承担的责任、鼓励开发和推广环境友好型技术。

社会（S）的核心关注点是以人为本的理念和社会责任的承担，一般涉及员工权益保障、消费者、供应链管理、社区、人权、产品安全与质量、数据安全与隐私等。比如，IFC《环境与社会可持续性绩效标准》的核心关注点体现为五个方面的绩效标准，即劳工和工作条件、社区健康以及安全和治安、土地征用和非自愿迁移、土著居民、文化遗产。全球契约组织十项原则的核心关注点体现为两项人权原则（尊重和维护国际公认的各项人权；决不参与任何漠视与践踏人权的行为）以及四项劳工保护原则（维护结社自由，承认劳资集体谈判的权利；消除各种形式的强迫性劳动；支持消灭童工制；杜绝任何在用工与职业方面的歧视行为）。

（五）G 与合规管理

ESG 合规管理不仅仅关注环境和社会领域的重点事项、重点环节、重点人员等涉及的合规管理，也关注公司治理本身的合规管理，因为公司治理是否合规对环境和社会可持续绩效有重大影响。

公司治理一词的出现大约是在 1962 年，哥伦比亚商学院的理查德·伊尔兹（Richard Eells）在《公司管控》（*Government of Corporations*）第一章中使用了公司治理的研究标题。[①] 公司治理解决的是公司内部的权力分配问题，是一项经济学、政治学、法学和管理学的交叉问题。

公司治理往往被认为是研究企业权力安排的一门科学。权力，是基于岗位职务的。公司治理需要分解权力之构成要素，以及权力涉及的岗位，最终落实到人。因为在权力岗位上行使权力的是人，而人总是各有想法的。如果不加以管理，势必造成很大的不确定性风险。

权力一般由领导和监管两个要素构成。领导和监管都是所在岗位的人行使职权的行为，但这两种职权行为却有所不同。领导就是命令，讲究的是一切行动听指挥，源于上司的主观思维、意识形态，强调主观强制效力，不以预设客观要件为前提；而监管是基于法律和公司制度性文件规定而行使职权的行为，讲究客观要件强制效力，以预设客观要件为前提。[②]

合规管理在领导与监管两个公司治理要素中，偏向于监管要素。在汤森路透评价指标中，"G"的合规风险包括对 CSR 策略的管理，而 CSR 管理的原始动力和基础依据正是外部的压力和监管。

公司治理方面的合规管理主要关注企业与利益相关方的关系，涉及组织权力行使中的腐败、欺诈、不公平竞争等有违法律和商业道德的行为，基本管理制度和体系的建立等。比如，IFC《环境与社会可持续性绩效标准》主要关注环境和社会风险与影响的评估和管理，即环境社会管理系统（ESMS）的建立、运行与完善；而全球契约组织十项原则主要关注反腐败。

---

① 邓峰：《普通公司法》，中国人民大学出版社，2009。
② 朱长春：《公司治理标准》，清华大学出版社，2014。

GB/T 36000—2015《社会责任指南》推荐了一些公司治理合规风险识别与防范的程序，包括：确保以确立的管理实践反映和强调组织的社会责任；识别社会责任原则和核心主题及议题适用于组织各部分的方式；如适合组织的规模和性质，可在组织内组建部门或小组来评审和修订运行程序，以使运行程序与社会责任原则和核心主题保持一致；在组织运行时考虑社会责任。

二 中国 ESG 合规管理的现状及对标研究

（一）中国企业 ESG 合规管理现状及问题

目前至少有 22 个相关部委部署或开展了相关工作，[①] 其中国资委走在前列。根据国资委相关指引和管理办法的要求，所有大型国有企业及一些行业头部的民营企业也全部建立起了合规管理体系，但是对于 ESG 合规专项的管理工作还处于起步阶段。基金公司和银行等金融类企业、上市公司走在 ESG 专项合规管理的前列。

1. 中国基金类公司 ESG 合规管理现状

随着"碳中和""碳达峰"的提出，ESG 投资理念成为资本市场的关注重点。在国内，公募基金 ESG 投资布局也迈入快车道。中

---

① （1）国家市场监管总局发布《企业境外反垄断合规指引》（国市监反垄发〔2021〕72号）；（2）全国工商联、最高人民检察院、司法部、财政部、生态环境部、国务院国资委、国家税务总局、国家市场监管总局、中国贸促会研究制定了《涉案企业合规建设、评估和审查办法（试行）》（全联厅发〔2022〕13号）；（3）国家发展改革委、外交部、商务部、中国人民银行、国务院国资委、国家外汇局、全国工商联共同制定了《企业境外经营合规管理指引》（发改外资〔2018〕1916号）；（4）国务院国资委发布《中央企业合规管理指引》（国资发法规〔2018〕106号）；（5）2021年7月16日，国家网信办、公安部、国家安全部、自然资源部、交通运输部、国家税务总局、国家市场监管总局联合进驻滴滴，开展网络安全审查；（6）交通运输部、工业和信息化部、公安部、商务部、国家市场监管总局、国家网信办公布了《关于修改〈网络预约出租汽车经营服务管理暂行办法〉的决定》（交通运输部 工业和信息化部 公安部 商务部 市场监管总局 国家网信办令 2022 年第 42 号）。

国证券投资基金业协会党委委员、副秘书长黄丽萍在第 15 届基金行业年会上透露，截至 2020 年末，中国大约有超过 10% 的基金管理公司将绿色投资纳入了公司长期发展战略规划之中，开始构建绿色投研体系的公司已经超过该类型公司总数的 1/4。①

中国证券投资基金业协会数据显示，国内 ESG 投资规模增长迅速，一年半内规模增长近 8 倍。② 2019 年 6 月底，市场上名称中包含低碳、环保、绿色、新能源、美丽中国、可持续、公司治理等关键词的公募基金，合计管理规模达 233 亿元。2020 年末，公募行业 ESG 主题策略基金、绿色方向基金、社会责任方向基金以及公司治理方向基金的管理规模合计约 1900 亿元。③

2018 年 A 股正式纳入 MSCI 新兴市场指数和 MSCI 全球指数。同年，中国证券投资基金业协会发布《中国上市公司 ESG 评价体系研究报告》和《绿色投资指引（试行）》。2022 年，中国金融学会绿色金融专业委员会发布的《ESG 基金：国际实践与中国体系构建》显示，相比普通基金，ESG 基金在收益方面具有优势。整体来看，2021 年以来超八成的 ESG 基金都取得了正收益。具体来看，在全市场可统计数据的 160 只 ESG 主题基金中，2022 年以来收益超过 20% 的有 47 只，其中有 8 只基金的收益超过了 40%。④

2. 中国银行类公司 ESG 合规管理现状

国内银行在通用合规管理体系建设以及 ESG 专项合规管理方面都走在前列，主要在四个层面上推动企业可持续发展。

一是 ESG 架构及策略。一些银行明确了责任部门及责任人，在组织架构层面，成立了 ESG 相关委员会及执行小组，或者在风险管

---

① 《张承惠：绿色转型和双碳驱动是我国 ESG 发展的主要动力》，《中国经营报》2021 年 9 月 20 日。

② 中国证券投资基金业协会：《2019 中国上市公司 ESG 评价体系研究报告》。

③ 陈琳：《新发展理念下的影响力投资》，《金融市场研究》2022 年第 3 期。

④ 《南方责任投资行动启动　21 世纪资本研究院牵手主流机构、企业共建 ESG 体系》，《21 世纪经济报道》2021 年 12 月 13 日。

理或信息部门增设了 ESG 职能岗位。

二是 ESG 投资。将 ESG 因子融入投资决策机制中，在信用评估、风险管理和产品设计中充分考量 ESG 因子。银行通过负面筛选、正面筛选、依规筛选、可持续主题投资、影响力投资、积极股东法等策略指导 ESG 投资，发行绿贷、绿债、小微贷款等金融产品，更多地支持绿色低碳、节能环保项目，推动经济结构转型。

三是 ESG 评级。在金融领域，ESG 评级为 ESG 投资提供依据。在银行领域，ESG 评级融入企业和项目的经济效益和信用评级之中。银行评估环境、社会及治理的因素更全面地反映企业可持续发展能力，更好地引导资金流向绿色、低碳及振兴乡村等建设。

四是 ESG 信息披露。银行挑选利益相关方关注的，对自身财务影响较大的环境、社会及公司治理因素进行披露，例如温室气体（范围一、二、三）排放量，绿色金融，普惠金融，数字能力建设，数据安全等。银行业及其他行业通过全面披露自身 ESG 信息，提高市场透明度，降低信息成本及投资风险。①

3. 中国上市公司 ESG 合规管理现状

在我国高质量发展的经济浪潮中，上市公司作为不可或缺的支柱力量，承担着推动经济发展主力军和领潮人的重要使命，发挥着践行发展理念和落实国家战略的先锋示范作用。据中诚信绿金统计，2021 年度，上市公司（A 股和 H 股）中共有 1239 家国有企业（包括中央国有企业和地方国有企业），其中披露社会责任报告或 ESG 报告的国有企业共有 576 家，占比为 45.68%，较 2021 年全部上市公司 30.0% 的报告披露率要高。香港联合交易所上市公司的表现则大幅领先。

香港联交所 2012 年即发布了《环境、社会及管治报告指引》并将其列入上市规则，之后的监管力度不断加大。2020 年 7 月，又修

---

① 《实务 | 银行业 ESG 实践要点》，搜狐网，https://www.sohu.com/a/588198594_121123908。

订 IPO 指引信，推动发行人尽早将 ESG 考虑因素纳入 IPO 进程，列示了 IPO 申请人关于披露环境、社会及管治信息，建立 ESG 管理机制的要求，包括：建立环境、社会及管治机制以满足联交所规定；尽早委任董事参与必要的企业管治及 ESG 机制及政策；在上市文件"业务"一节参阅的主要范畴清单纳入申请人环境、社会相关事宜和管理环境、社会及管治相关重大风险的程序等。在监管力度不断加大的情况下，香港联交所上市公司的 ESG 合规管理工作呈现以下发展趋势。

第一，ESG 披露内容不断丰富。2015 年港交所修订 ESG 指引时，将披露指标总结为"A. 环境"与"B. 社会"两个范畴。随着 ESG 的内涵不断丰富，指标内容也在逐渐丰富，如 2019 年修订时加入 TCFD 建议的元素，如要求董事会监管 ESG 事宜、就若干环境关键绩效指标订立目标及披露重大气候相关事宜的影响等。针对具体事宜，港交所还发布专项指引，如《气候信息披露指引》，鼓励企业参照最佳实践做出报告。

第二，ESG 披露标准不断提升。2012 年港交所首发 ESG 指引，ESG 作为企业"建议披露"项目，即企业可依据自身意愿确认是否披露。2015 年，港交所颁布了 ESG 指引修订版，制定"两步走"时间表：2016 年 1 月 1 日起，将"环境"及"社会"范畴内 11 项"一般披露"的责任提升至"不遵守就解释"；2017 年 1 月 1 日起，将披露框架中"环境"范畴 13 个 KPI 披露责任提升至"不披露就解释"。第一步重点披露定性信息，第二步重点披露定量信息，为企业开展 ESG 信息收集预留充分时间，其披露的严格程度也与国际通用做法接轨。

第三，ESG 披露时限不断缩短。2019 年，港交所发布有关检讨《环境、社会及管治报告指引》及相关上市规则条文的咨询意见总结，规定 ESG 报告需在财年结束后 5 个月内发布。2021 年 12 月，港交所再次发布咨询总结，规定 ESG 报告需与年报同时刊发。ESG

报告披露时限逐步缩短，也对企业 ESG 信息披露提出更高要求。对于新上市企业而言，不仅需要准备上市后首份年报，也要做好披露上市后首份 ESG 报告的准备。[①]

4. 中国企业 ESG 合规管理中的问题

尽管中国企业近年来在 ESG 合规方面发展的速度较快，特别是银行类公司、基金类公司以及上市公司，成效可圈可点。但是整体上还是处于初级阶段，普遍存在以下几个方面的问题。

（1）ESG 合规信息披露不完善

一方面是披露企业占比不高。尽管主动公开披露 ESG 信息的上市公司在快速增多，企业落实 ESG 的意识在增强，但整体占比依旧不高。主要原因是披露动力不足。一是当前我国并未针对 ESG 相关信息披露提出明确强制性要求；二是很多 ESG 信息过于敏感，诸如能源消耗水平、污染成本等或涉及部分企业商业机密，公开的话或导致订单丢失，或导致竞争对手诋毁抨击；三是上市企业目前并不能通过披露 ESG 信息来获得财务上的直接回报。

另一方面是披露的信息不完整。从目前上市公司已披露的 ESG 报告来看，大部分仅是披露了与 ESG 相关的管理政策，具体的执行方法、措施及执行效果则披露较少，可比性定量化的数据质量较差，且多以描述性披露为主，偏重于宣传各自的业绩和环保、社会责任成绩；有意模糊、掩盖负面信息的披露。[②] 此外，目前我国对 ESG 信息披露方面没有规范详细的专项指引，企业需要参考多种不同的外部指引来指导信息披露报告，披露标准不同，造成 ESG 报告披露的质量较差，数据指标覆盖率低，缺乏定量及可比性。ESG 信息披露不完整及参差不齐，信息披露指标体系缺陷是主要原因。

---

① 《没有 ESG，莫谈 IPO——ESG 已成为企业上市重要一环》，尚普咨询集团官网，http://www.shangpu-china.com/news/7084.html。

② 《ESG 信息披露将倒逼企业高质量发展》，《中国经济时报》2019 年 6 月 18 日。

（2）ESG 合规管理缺乏战略系统性

整体上看，中国企业普遍还是将实施 ESG 合规管理定位为成本支出而非战略收益，ESG 合规管理与业务割裂、覆盖不完整、未建立体系化推进机制。企业对于 ESG 合规管理框架、指标维度、实施战略、管理工具等，尚缺乏系统的了解。再加上国内外市场环境的差异，一些国际上的 ESG 理论与实践很难直接指导国内企业的 ESG 建设，也阻碍了企业充分利用 ESG 合规管理进行最大化价值创造。

（3）ESG 合规义务识别存在盲区

ESG 合规被各类企业视为合规管理的难点，主要是因为 ESG 合规管理在合规风险和义务的识别方面颇具挑战性。它要求企业在考虑外部强制性需求和期望、行业自律规则和其他社会公约的基础上，主动考虑经营所在地的道德规范、文化背景、市场特殊偏好、监管发展方向等因素所构成的与企业可持续发展相关的市场规律，并将对这种规律的总结和把握体现在企业的合规义务中，主动据此协调各种复杂的利益相关方关系。

（4）海外项目 ESG 合规管理存在偏差

海外项目，特别是共建"一带一路"国家项目的 ESG 合规管理更是被认为难上加难。主要是部分共建"一带一路"国家法制不健全，作为 ESG 合规管理依据的规则中包括大量软规则、不成文规则、隐性规则。这导致中国企业在海外项目 ESG 合规管理方面存在以下两个方面的突出问题。一是方向偏差问题，部分企业在海外投资时，重视短期效益和经济风险，忽略长期效益和环境、社会风险，出现环保意识缺失、安全意识淡薄等问题。二是方法偏差问题，部分企业在利益相关方的管理上普遍存在"水土不服"，只重视与当地政府搞好关系，不注重与东道国公众、非政府组织的关系管理与透明沟通。

（二） 中国政府 ESG 合规监管现状及国际对标

ESG 会影响企业的经营和价值，而外部的监管政策在 ESG 投资的发展中起着十分重要的"自上而下"的推动作用。国际方面，联合国在制定监管政策方面最具影响力，各地区 ESG 监管路线各有特色，但均看重 ESG 的信息传导和政策性资金的引导。除联合国发布的 ESG 相关的多项管理框架、原则和指引外，世界银行集团（WBG）、国际标准组织（ISO）、经济合作与发展组织（OECD）、赤道原则协会（EPA）、可持续发展会计准则委员会基金会（SASB）、全球报告倡议组织（GRI）等国际机构和组织都出台了 ESG 方面的标准指引，涵盖社会责任、可持续发展、公司治理等具体领域，为跨国企业在全球范围内开展商务合作和经营业务，强化环境、社会和公司治理及提升管理能力提供了可对标参考的操作指引。

1. 中国政府 ESG 合规监管的现状

近年来，中国相关政府部门的监管力度在不断加大。助推企业强化合规管理实现可持续发展，已成为中央有关部门的共识和有力实践。在党中央的决策部署下，除了专门的环境资源保护部门之外，其他不同政府部门也对与其监管职能相关的 ESG 合规议题各有侧重。

中央纪委、国家监委定期组织"一带一路"参与企业合规经营培训；中央依法治国办把强法治、促合规纳入全面依法治国大局统筹推进；最高人民检察院牵头建立涉案企业合规第三方监督评估机制；司法部将合规管理作为"八五"普法重要内容；国家发改委等七部委联合印发《企业境外经营合规管理指引》；商务部、外交部、国家市场监管总局等也专门印发指导文件，推动企业合规。

相关措施可大致分为两类：一类具有强制性，面向上市公司或部分特定企业，通过行政法规，强制其披露符合最低标准的 ESG 相关信息，或要求其建立合规管理体系；另一类是激励性要求，通过绿色投资等市场化手段激励企业披露 ESG 信息。下面列举几个相关部门的措施。

（1）中国证券监督管理委员会

早在 2006 年、2008 年，深圳证券交易所、上海证券交易所就分别明确了企业社会责任方面的义务。《上市公司治理准则》（证监会公告〔2018〕29 号）由证监会于 2018 年 9 月修订并实施，其中提出上市公司在利益相关者、环境保护和社会责任、以及信息披露与透明度等方面的规定，在上市公司传统的信息披露框架下，完善了环境、社会责任和公司治理（ESG）的信息披露要求。2018 年，中国证券投资基金业协会基于国际 ESG 评价体系和标准，提出对于上市公司环境因素（E）、社会因素（S）、治理因素（G）进行评价的指标体系和评价方法。

2020 年 9 月，在第 75 届联合国大会一般性辩论上，习近平提出中国绿色发展的目标和决心，二氧化碳排放力争于"2030 年前达到峰值""2060 年前实现碳中和"，为全球气候治理做出国家自主贡献。《国务院关于进一步提高上市公司质量的意见》（国发〔2020〕14 号）进一步规范上市公司经营和治理，包括规范公司治理和内部控制、提升信息披露质量以及履行社会责任。

2021 年，证监会修订《上市公司与投资者关系工作指引》，形成《上市公司投资者关系管理指引（征求意见稿）》，将"公司的环境保护、社会责任和公司治理信息"纳入上市公司与投资者沟通的主要内容。同年，证监会新修订的上市公司定期报告格式与准则就 ESG 披露的要求和内容进行进一步的明确，突出强调上市公司在绿色低碳方面的社会责任和义务。

此后，证监会于 2022 年 5 月公布修订后的《上市公司投资者关系管理工作指引》（证监会公告〔2022〕29 号），此文件在沟通内容中明确了上市公司 ESG 披露的内容，第二章第七条加入"（四）公司的环境、社会和治理信息"。

除了出台相关准则和指引之外，证监会在企业上市前后的监管实务中也正在切实强化对企业 ESG 合规问题的关注。

一方面，企业上市前，证监会对企业 ESG 合规问题的问询成为对发行人的问询要点之一。对于计划在 A 股上市的企业而言，证监会虽未在《首次公开发行股票并上市管理办法》中对发行人的 ESG 管理提出明确要求，但对于发行人环境问题的问询已成为证监会问询要点之一。

对于特定行业如"两高"行业，虽然法规没有在 IPO 阶段明确审核要求，但在预审员窗口指导阶段需提交 ESG 补充材料。根据 2019 年 3 月证监会《关于发布〈首发业务若干问题解答〉的通知》（2023 年 2 月 17 日废止），问询内容主要包括：①生产经营中涉及环境污染的具体环节，主要污染物名称及排放量，主要处理设施及处理能力，污染物排放量是否存在超出许可范围的情形；②报告期内，发行人环保投资和相关费用成本支出情况，环保设施实际运行情况，报告期内环保投入、环保相关成本费用是否与处理公司生产经营所产生的污染相匹配；③募投项目所采取的环保措施及相应的资金来源和金额等；④公司生产经营与募集资金投资项目是否符合国家和地方环保要求，报告期内是否存在环保行政处罚等。

另一方面，企业上市后，证监会对企业 ESG 信息披露的要求也不断提高。近年来，证监会、上交所、深交所密集发布 ESG 相关监管政策，不断强化 ESG 信息披露要求，坚持立足实际、分步推进、自愿披露原则。

要求部分特定公司，如深交所纳入"深证 100 指数"的上市公司，以及上交所"上证公司治理板块"样本公司、境内外同时上市的公司及金融类公司、科创 50 指数成分公司，单独披露企业社会责任（或 ESG）报告，其他有条件的上市公司也需遵循要求在年报中披露环境、社会责任等非财务信息。

（2）中国银行保险监督管理委员会

作为金融企业的银行在 ESG 及可持续发展中尤其举足轻重。在中国，银行履行了更多的具有中国特色的社会责任，例如在绿色转型、双碳、普惠金融、振兴乡村等领域。

2022 年 6 月中国银保监会印发的《银行业保险业绿色金融指引》（银保监发〔2022〕15 号）中首次明确要求，"银行保险机构应当有效识别、监测、防控业务活动中的环境、社会和治理风险，重点关注客户（融资方）及其主要承包商、供应商因公司治理缺陷和管理不到位而在建设、生产、经营活动中可能给环境、社会带来的危害及引发的风险，将环境、社会、治理要求纳入管理流程和全面风险体系，强化信息披露和与利益相关方的交流互动，完善相关政策制度和流程管理"。

该指引的出台有重要意义。第一，指引首次从银行保险机构的角度重点关注 ESG 风险。第二，指引也首次提出开展全流程和全链条 ESG 监管，要求银行保险机构不仅要对客户本身环境、社会和治理风险进行评估，还需要重点关注客户的上下游承包商、供应商的 ESG 风险。第三，指引明确了银行保险机构应将环境、社会、治理要求纳入管理流程和全面风险管理体系。第四，将绿色金融治理工作的责任明确到组织层级，同时要求银行业、保险业从战略高度推进绿色金融。

（3）国务院国有资产监督管理委员会

国务院国资委自 2015 年以来就强化中央企业及相关国有企业的法治合规管理、履行社会责任印发了多个指导文件和指引。包括：

《关于全面推进法治央企建设的意见》（国资发法规〔2015〕166 号），要求中央企业"坚持依法治理、依法经营、依法管理共同推进，大力推动企业治理体系和治理能力现代化"，促进"中央企业依法治理能力进一步增强，依法合规经营水平显著提升"。

《关于国有企业更好履行社会责任的指导意见》（国资发研究〔2016〕105 号），明确了"将社会责任融入企业战略、治理和日常经营，全面改进、丰富和完善各项制度和管理体系"，包括将社会责任融入企业战略和重大决策、日常经营管理、供应链管理、国际化经营，并探索建立社会责任指标体系。

《关于在部分央企开展合规管理体系建设试点工作的通知》（国资发法规〔2016〕23 号），将中国石油等五家央企列为合规管理体系建设试点单位。

《中央企业合规管理指引（试行）》（国资发法规〔2018〕106 号），以及此后编制的反腐败等若干重点领域合规指南，推动中央企业搭建合规管理的框架和制度体系。

《中央企业违规经营投资责任追究实施办法（试行）》（国务院国有资产监督管理委员会令 37 号），为中央企业强化经营投资领域的合规管理和公司治理提供具体的标准。

《关于进一步深化法治央企建设的意见》（国资发法规〔2021〕80 号），为"不断深化治理完善、经营合规、管理规范、守法诚信的法治央企建设"目标做出进一步部署。

在上述强化企业合规管理和公司治理的指引文件基础上，2022 年，国务院国资委对中央企业合规管理的探索和实践进行总结，编制了《中央企业合规管理办法》（国务院国有资产监督管理委员会令第 42 号），推动企业系统地提升依法合规经营管理水平。同年，国资委成立独立的"社会责任局"，督导中央企业更好履行社会责任，深入贯彻 ESG 理念，以加快推动国内 ESG 评价体系的本土化、细致化、规范化、常态化。

2. 国内外 ESG 合规标准的对标

我国的各个部门和领域呈现不同的 ESG 规则，不具有统一性，整体上看，ESG 相关政策还处于动态完善中。相比国际上的相关标准和最佳实践，主要存在以下几方面的差距。

（1）ESG 合规管理体系建设

不少国际标准往往要求借建立一个合理有效的 ESG 管理体系以保证对项目环境和社会风险的管控。以世界银行为例，在项目进行了环境影响的评价之后，世界银行要求借款方制定和实施《环境和社会承诺计划》，精确概述避免、最小化、减少或缓解项目潜在环境和社会风险与影响的具体措施和行动，明确每项行动的完成日期，并向世界银行定期报告实施情况。我国仅在环境影响评价报告中提出控制污染排放的措施并在项目试运营时进行核验，并未有类似于承诺建立 ESG 合规管理体系的举措来监督项目在环境和社会方面的持续改善。

（2）ESG 合规管理组织架构

对于机构能力，IFC 绩效标准等要求明确实施环境管理体系的组织架构，并提供相应的管理支持和人力财力资源，确保相应人员具有所需的知识、技能和经验，我国暂无相关法律规定。

而 ESG 合规管理的引领机构方面，也需要进一步明确。比如国际上的政策性银行往往负有 ESG 合规管理引领机构的职责，中国在这方面还有待进一步明确和完善。中国政策性银行的环境、社会政策自制定以来不断完善，已形成一套切实可行的程序和规范，但其政策与国际金融机构仍有一定的区别。

一是在机构设置方面，国际相关金融机构往往设有环境、社会部门，而中国政策性银行尚未单独建立类似部门。二是在政策内容方面，国际相关金融机构有更为独立、严格的环境政策要求，而我国政策性银行主要依据项目所在国的法规开展评估和审批。三是在信息公开制度方面，国际相关金融机构对项目的信息有更高的透明度要求。

（3）ESG 合规管理制度建设

第一，制度要求的严格性。我国相关法律已经覆盖部分 ESG 合规指标，但在具体的要求以及约束力度上不够。例如对于环境影响的控制，我国法律仅要求项目采取合理的措施使环境影响降至相应的标准。而世界银行等国际金融机构则要求督促项目尽可能避免对环境的负面影响，当负面影响不可避免时，尽量减轻、缓解此类负面影响，赔偿其造成的损失。

第二，制度内容的具体性。我国目前已经存在不少 ESG 合规标准的框架、原则和流程，具有一定的指导意义，但是相比国际标准仍不够明确，对实践的指导意义较弱。反观 IFC 绩效标准，涵盖了许多 ESG 合规管理实践中的具体问题，还针对各个行业有定性和定量的指标，既包含通用的 ESG 合规管理体系建设的原则性要求，也包含针对具体行业、具体问题的研究和解决方案，有助于标准的实施落地，也有助于执法部门及金融机构对企业 ESG 合规管理实践的监督和检查。

第三，基本制度的统一性。国际上不同的金融机构虽然有自己的环保政策，但其根本性的要求是一致的，大多数都遵照 IFC 的标准，将其作为指导原则。国内的金融机构对境外项目投融资的环境和社会标准并未达成一致，也未形成一套书面的得到大部分国内金融机构认可的标准。这首先体现在 ESG 报告和信息披露方面，目前，虽然上市公司需要提交 ESG 信息披露，但是披露的基本依据各不相同，行业、地区等披露率不均衡，披露内容参差不齐、量化标准低。

（4）ESG 合规管理运行机制

一是利益相关方机制缺失。ESG 合规管理运行机制关乎利益相关方问题，包括利益相关方的识别、参与、信息披露、申诉、征求意见等。我国未要求项目识别项目周期中存在的利益相关方，也未要求编制具体的利益相关方参与计划。在项目实施阶段，未要求项目定期向相关方报告实施情况，也并不强制要求项目建立相应的申诉机制。在征求意见方面，我国仅在编制环评报告时开展意见的征求，往往以网站公示的形式呈现。国际金融机构则要求借款方在项目实施的各个阶段征求意见，形式包括与受影响的社区开展磋商等，且对征求意见的实施方法提出了更为具体的要求。

二是供应链 ESG 合规管理机制缺失。包括 IFC 在内的不少国际金融机构都提出了供应链管理的要求，在劳工以及生态的标准中纳入对供应链的管理。我国目前已在《国务院办公厅关于积极推进供应链创新与应用的指导意见》（国办发〔2017〕84 号）中提出绿色供应链的概念，针对企业的法规或细则需进一步完善。

（三）国际 ESG 合规评级的现状及差异性

在 ESG 研究方面，目前有五家全球 ESG 评级公司（明晟、道琼斯、汤森路透、富时罗素、晨星）获认可。但由于不同机构对 ESG 框架下包含的具体内容、"最佳实践"的考评存在差异，ESG 评估方法在全球没有统一标准。

1. 评级指标存在差异性

目前国际上较多采用的有明晟（MSCI）和汤森路透（Thomson Reuters）的 ESG 评价体系。MSCI ESG 评价体系是基于全球同行业的相对结果，主要包含环境、社会、治理 3 个范畴，气候变化、自然资源、污染与废弃物、环境机会、人力资本、公司治理等 10 项主题，涉及碳排放、财务环境影响、生物多样性与土地利用、数据保护等 37 个关键议题和上百项指标，从上市公司的风险管理和风险暴露两个方面对各个议题进行打分，并侧重考察各项指标对企业的影响时间和对行业的影响程度。

相比之下，Thomson Reuters ESG 评价体系涵盖的指标参数除包含上述的 3 个范畴和 10 项主题外，增加了对公司 ESG 评价争议项的评分，通过两方面的综合考察得到 ESG 评分。

值得注意的是，主流的 ESG 评级机构几乎都认为评级方法的具体内容、具体的评级指标属于商业机密，各自公布的信息有限。例如，对信息收集方法、假设、计算、比重、阈值和分析等均很少披露或披露程度不足，缺乏透明度。

2. 评级数据采集存在差异性

目前国家大多数评级机构采集的数据来源门类繁多，包含实地问卷调查、企业年报和社会责任报告等公开披露的数据；媒体报道、网络搜索相关信息，检索数据库，翻阅学术期刊、各类行业出版物、政府机构出版物，利益相关方的调查以及个人研究等。其中，最常见且主要的信息数据来源于企业年报和社会责任报告。

通过搜集、整理信息和相关数据，在初步了解的基础上，大部分评级机构会与企业沟通，进行信息确认与补充，保证信息和数据的真实性、有效性。例如，富时罗素会与企业就每个指标的分析结果进行沟通及信息补充；MSCI 通过与企业沟通进行数据质量管理，企业可对数据和信息进行更新及改正。

在数据采集方面，不同评级机构关注的重点皆有不同。比如环境方面，部分评级机构会参考并采用当地环保机构或组织的数据，有些评级机构则不会使用，而是运用方法对单个企业长期的绩效表现进行分析研判，或者通过计算自然资源的使用及废物等的排放量来评估对环境的影响。

3. 评级结果存在差异性

需注意的是，从评级机构发布的结果来看，即使是国际上的大公司，其评级也会出现不同的结果。同一家公司，同一时期，由不同评级机构进行评级，结果可能存在很大的差异。一方面，评级机构采取不同评级数据和评级方法会带来不同的结果；另一方面，ESG 理念不仅局限于财务领域，而且也注重外部影响，而外部影响评估标准很难统一。此外，各机构在评级过程中存在主观判断、标准化程度不足问题。

（四）中国 ESG 合规管理研究的展望及方法

与国外相比，目前国内 ESG 的相关研究还处于起步阶段。不仅专门针对上市公司进行 ESG 指标评价的研究相对较少，关于 ESG 的定义和内涵还未达成共识，而且相关评级研究机构对上市公司履行社会责任、绿色发展情况进行单独评价的研究也存在一定局限性。现有 EGS 研究的数据基础较为薄弱，主要来源包括上市公司主动公开披露的社会责任报告、财务报告等信息数据，媒体、第三方机构或组织、其他利益相关方提供的数据，学者或组织内部研究人员的实地调研获取的数据资料等，研究也相对分散，并未形成系统且具有说服力的指标评价体系和适用于中国企业的 ESG 评价工具或方法。总之，我国 ESG 合规研究有很大提升空间。

ESG 合规管理是党的二十大报告提出的"推进高水平对外开放，稳步扩大规则、规制、管理、标准等制度型开放"的重要领域。党的二十大报告提出的六个"必须坚持"，都和 ESG 合规管理研究相关。

一个是"必须坚持人民至上"。"要站稳人民立场、把握人民愿望。"另一个是"必须坚持胸怀天下"。"拓展世界眼光，深刻洞察人类发展进步潮流，积极回应各国人民普遍关切，为解决人类面临的共同问题作出贡献。"这两个"必须坚持"正是 ESG 合规管理的目标。

另外四个"必须坚持"则关乎 ESG 合规管理的方法论。

一是需要具备系统性。二十大报告指出："必须坚持系统观念。……不断提高战略思维、历史思维、辩证思维、系统思维、创新思维、法治思维、底线思维能力，为前瞻性思考、全局性谋划。"

二是需要具备针对性。二十大报告指出："必须坚持问题导向。……聚焦实践遇到的新问题、改革发展稳定存在的深层次问题、人民群众急难愁盼问题、国际变局中的重大问题、党的建设面临的突出问题，不断提出真正解决问题的新理念新思路新办法。"

三是需要具备创新性。二十大报告指出："必须坚持守正创新。……不断拓展认识的广度和深度，敢于说前人没有说过的新话，敢于干前人没有干过的事情，以新的理论指导新的实践。"

四是需有中国特色。二十大报告指出："必须坚持自信自立。中国人民和中华民族从近代以后的深重苦难走向伟大复兴的光明前景，从来就没有教科书，更没有现成答案。……中国的问题必须从中国基本国情出发，由中国人自己来解答。"

根据二十大报告精神，我国的 ESG 合规管理研究需要探索并推广一套具有系统性、针对性、创新性，兼顾国际通行规则以及中国特色的中国企业海外 ESG 合规风险管理指南，帮助企业和金融机构识别、预警和处置相关风险，不断完善 ESG 合规管理体系。

三　企业 ESG 合规管理实务及工作要点

作为合规管理工作基础依据的"规"，本身是复杂而庞大的，而企业在一定阶段内的管理资源是有限的。合规的管理需要根据企业的规模、行业特点、发展阶段、经营范围、所涉管辖等多种要素，进行战略规划，排出优先行动顺序。那些对企业的业务有全面深刻影响的，需要优先考虑。因此，合规管理实务工作首先需要区分轻重缓急的层次。比如，事前需要区分一般性合规风险管理与重大性合规风险管理，事中需要区分基础性合规风险管理与专项性合规风险管理，事后需要区分日常性合规管理与制裁性合规管理，分别应对。

合规管理实务工作，按照优先顺序，一般划分为以下三个重要的层次。第一个层次是"合规则"，即符合强制性合规要求。第二个层次是"合规约"，即遵守合规承诺。包括那些虽不是强制性外部要求，但是企业回应利益相关方要求，通过承诺的方式约定遵循的外部要求。第三个层次是"合规律"。这个层次是合规的最高水平，是在既无外部强制性要求，也无利益相关方要求承诺的情况下，企业审时度势，根据企业运营的市场规律及其发展趋势，从风险预防的谨慎原则出发，自愿采取的最佳实践。

这三个层次的合规层层递进，企业可以在综合考虑规模、行业特点、发展阶段、经营范围、所涉管辖等多种要素的基础上进行 ESG 合规管理。

（一）ESG 合规管理实务的第一层次

企业合规的第一层次是"合规则"，这是合规管理的底线，是企业强制性地必须遵守的要求，主要指遵守法律法规明确的原则要求和条文规定。

1. "合规则"层面 ESG 合规管理的意义

强制性的法律法规都有纸写笔载，为什么还要进行"合规则"层面的合规管理体系建设呢？这是因为法律法规只会列出应当做什么，不能做什么，却无法告知企业在复杂的经营活动中具体应当怎么做。

另外，即使同一件事情，也有不同的人群或机构提出不同的要求。规则太多，有时还互有冲突，让人无所适从。这就需要有人收集、梳理全部规则后勘测、标识出一条线路，让大家通过它到达目的地。合规管理工作需要汇集分析众多的法律、法规要求，对照是否与企业经营相关，规划企业的应对策略、行动措施，帮助企业确定自己的行为规范的底线。

2. "合规则"层面 ESG 合规管理的范围

"合规则"层面所涉及的合规管理范围非常广泛。但在公司合规管理实务中，合规部门管理的"合规则"层面的法律风险一般是"强监管""重处罚"的部分。在全球化时代，"合规则"层面，不仅要考虑国内的规则，还要根据企业经营范围、行业、战略等具体情况，同时考虑遵守国际规则。对于国际规则，如果企业因经营情况而受其管辖，当然应该硬性遵从，纳入"合规则"这个底线层次的合规管理。国际规则分为国际通行规则和国际非通行规则，需要进行分类管理。

3. "合规则"层面对国际通行 ESG 规则的合规管理

各个国家基于不同意识形态或价值观展开的博弈往往难以调和。但是，随着全球市场的形成和经济全球化的发展，在企业间和国家间市场竞争与合作的发展过程中，国际通行的商贸规则逐步形成。拥有不同价值观或意识形态的企业和国家在商贸行为中可以找到共同认可和接受的规范。

在 20 世纪 70 年代新一轮经济全球化潮流刚刚启动的时候，经济合作与发展组织（OECD）就在 1976 年出台了《跨国公司行为准则》。这个准则包含了有关信息公开，人权，劳资关系，环境，打击行贿、索贿和敲诈勒索，消费者权益，科学技术，竞争和税收等的一系列规则。这个准则经过 2000 年和 2011 年两次修订，逐步为 OECD 30 多个发达国家政府接受，受到跨国经营企业认可，成为约束跨国经营企业的国际通行规则。

2000 年，联合国全球契约组织提出十项原则，包括人权、劳工标准、环境、反腐败四个方面。这些都是我国企业走向世界应该遵循的规则，联合国全球契约组织在 2000 年成立，起步时只有 50 多家国际著名企业参与，现在已经发展到一万多家。参加这个组织就意味着承诺履行包括人权、劳工标准、环境和反腐败在内的十项原则。对这些规则不了解和不遵守，有可能会遭到国际舆论的谴责和执法部门的监管制裁。

此外，国际通行规则一般还包括《联合国反腐败公约》《关于进一步打击国际商业交往中贿赂外国官员的建议》《OECD 内控、道德与合规最佳行为指南》《OECD 公司治理原则》《诚信合规指南》《国际金融公司社会和环境可持续性政策和绩效标准》《联合国生物多样性公约》《国际劳工组织关于职业安全、健康和工作环境的公约》以及赤道原则等法律法规和标准。如果企业的经营管理活动由于各种原因受到这些国际通行规则和标准的管辖，则这些国际规则理应列入"合规则"层次，进行硬性管理。

4. "合规则"层面对国际非通行 ESG 规则的合规管理

"合规则"层面，不仅要考虑国际通行规则，还需要考虑国际非通行规则。国际通行规则一般包括联合国、世贸组织、货币基金组织、世界银行、亚洲开发银行、世界卫生组织等国际机构设置的相关标准和规定，还有这些机构与其他机构的相关跨机构制裁协议。如果企业因为自身经营情况而受到管辖，不仅要遵守国际通行规则，对于国际非通行规则，也应该纳入"合规则"范畴进行管理。比如美国等西方国家的长臂法律，算不上是国际通行规则，但企业如果在合同、支付、运输、仓储、转运、采购、融资、人员聘用等经营环节，涉及其管辖范围，也就需要进行"合规则"的硬性合规管理。

例如，美国的《国际武器贸易条例》《武器出口管制法》《对敌贸易法》《国际紧急经济权力法》《出口管制条例》《海外反腐败法》《境外账户纳税合规法案》《伊朗交易监管法》《对伊朗制裁法案》等出口管制法规，被认为是"有牙齿"的国际非通行规则。如有违反，涉事企业及责任人将受到严厉制裁，主要包括民事罚款、进出口权利丧失、刑事罚款或个人长期监禁。所以企业对相关交易可能涉及的最终用途、最终用户、甚至支付、运输、仓储等各个环节，都需要审慎纳入"合规则"管理体系进行考虑和审查。

（二）ESG 合规管理实务的第二层次

企业合规的第二层次是"合规约"，是企业应利益相关方的邀约而承诺并约定，自愿选择遵循非强制性的需求或期望的结果。比如企业承诺履行社会责任，承诺遵守行业非强制性标准，承诺在履行合同过程或企业运营过程中恪守高标准的道德诚信准则等。企业将这些承诺内化为企业的内部规章制度，形成企业与各利益相关方和谐的利益关系，避免因各类纠纷的发生降低企业经营管理效率，或导致成本提高及企业品牌信誉伤害等。

至于选择哪些利益相关方的邀约去履行承诺，要根据企业自身情况。比如，联合国全球契约组织是世界上最大的推进企业社会责任和可持续发展的国际组织，中国是该组织的长期捐款国，加入联合国全球契约组织就意味着承诺遵守以下规约。

第一，履行以联合国公约为基础的，涵盖人权、劳工标准、环境和反腐败领域的全球契约十项原则。

第二，首年内及此后的每一年，企业都应准备并提交"进展情况通报"（Communication on Progress，CoP），即年度企业社会责任报告或可持续发展报告。

第三，将报告在联合国全球契约组织网站上进行公开披露，供包括投资者、社会团体、政府机关及消费者在内的利益相关方进行参考查阅。

第四，年度报告语言不限（中、英文皆可），但必须满足三个最低标准要求。一是首席执行官 CEO 声明（详细阐述企业将对联合国全球契约组织继续支持，以及对联合国全球契约组织及其原则做出最新的承诺）；二是实际行动说明（说明企业在人权、劳工标准、环境和反腐败四个领域，履行全球契约十项原则时已经采取或计划采取的实际行动，比如有关政策、程序、活动的披露）；三是成果衡量（目标/绩效指标实现的程度，或者其他对结果的定性或定量衡量）。

企业不了解和不遵守这些规约，有可能就会遭到国际舆论的谴责，导致声誉损失及其他不利影响。

（三）ESG 合规管理实务的第三层次

企业合规的第三层次是"合规律"。第一层次的"合规则"和第二层次的"合规约"背后，都体现了企业运营的市场规律和原则，但不是所有的市场规律都体现在规则和规约中。没有体现出来的那部分规律，需要企业结合自身发展战略、行业性质、商业模式等诸多要素，在企业合规义务设定中主动进行辨识、分析和评估，以确定是否纳入企业合规管理的范畴。这是最高层次的合规管理，实质上体现着更好尊重客观规律的"法于道"的精深追求。

"合规律"层面的合规管理通过主动优化企业的内部规章制度，增强企业的软实力和可持续发展能力。在现代社会，规则、制度、标准是企业管理的核心手段和形式。企业一旦更精准地把握住了市场发展的规律及其发展趋势，就可以建立起一套更好体现市场发展规律及其发展趋势的规章制度和标准，这些规则、制度、标准所体现的最佳实践往往成为企业的核心竞争力，也就是软实力，助力企业实现可持续发展。

1. "合规律"层面 ESG 合规管理的意义

"合规律"层面的合规管理，通常是当企业处于复杂多变的市场环境和经营背景时，出于以下几方面的考虑或动机而采取的措施。

一是经营所在地法制有待完善。比如在部分共建"一带一路"国家，由于法制不健全，许多非常重要的市场原则和规律，既没有体现为强制性外部监管要求，也没有利益相关方来主动邀约遵从，而是以公序良俗等文化的形式，发挥着社会规范或市场原则的规范化作用。

二是对市场偏好变化的研判与应对。企业通过对市场未来发展前景的预判，为了更好地贴近未来市场很可能会聚焦的关注点，增强在未来市场的竞争能力，提前消化未来转型过程中的风险，提高企业声誉和品牌价值，寻找更多商业交易机会，甚至打压竞争对手。

三是对监管方向变化的研判与应对。企业通过对监管未来发展方向的预判，提前消化可能的政策性转型的压力，更好地应对监管部门未来很可能采取的监督、验收、考核和行政指导手段。

四是对异文化博弈的研判与应对。这一方面的动机最为常见。异文化思路来源于德裔美国历史学家魏特夫提出的史学理论，该理论认为当一个民族在统治另外一个与自己文明不同的民族时，要因俗而治，也就是要认识和遵循不同文化和民族风俗背后体现的历史规律，采用符合不同文化特点的治理策略。

2. "合规律"层面 ESG 合规管理的特点

ESG 合规管理，通常大量涉及"合规律"问题，被视为企业重要的软实力，在国际上被越来越多的投资公司用来筛选或评估其各种基金和投资组合中的公司。求职者、客户和其他相关方也会在评估商业关系时对企业的 ESG 合规性进行评价，以了解企业的中长期价值。"合规律"层面的 ESG 合规管理具有以下特点。

一是规律的非显性。还没有体现为显性规则和规约的那部分规律都是隐性的，需要不断地探索和总结，这对任何企业都是很困难的。

二是规律的复杂多变性。比如跨文化管理往往涉及众多利益相关方，涉及许多说不清道不明的规则和合规敏感点，需要进行非常专业、周密、精细的合规尽职调查和及时有效的合规风险处置。

三是认识规律的耗时性。对隐性规律的了解、分析、总结，不可能一蹴而就。即使对"规"的认知清晰了，怎么去"合"也是很大的挑战，需要进行精细而周到的处理。

四是咨询服务的稀缺性。对于非显性、复杂多变的规律的认识对所有企业都是耗时而困难的，目前能提供相关服务的国内外咨询机构比较稀缺且服务费用较高。

3. "合规律"层面 ESG 合规管理的挑战

"合规律"管理的特点决定了这种合规管理的高难度，给我国企业的合规管理，特别是"走出去"的合规管理带来很大挑战。这在"一带一路"合作中体现得更加明显，因为部分共建"一带一路"国家规则体系不完善，许多重要的市场原则和规律没有体现为规则和规约。

以海外基础设施建设为例，建设中不可避免会涉及一些地上结构物，其中一些可能就是当地人心中的文化圣地。触碰这些文化敏感点，往往成为企业合规风险的导火索。

诸如此类复杂的经营环境要素有其自身的发展规律，这些规律大多没有体现在书面的规则和规约上，没有法律的基本特征。第一，不是掌握国家政权的统治阶级意志的体现；第二，不由国家制定和认可；第三，不依靠国家强制力（警察、法庭和监狱等）保证实施；

第四，不对全体社会成员具有普遍约束力。

企业经营如果恰恰处于这种强制力触及的范围，就需要进行"合规律"层面的合规管理，认真评估这种外部力量对自身经营可能带来的影响和风险，采取应对措施，并将这种措施体现到企业的规章制度中。

否则，在这样的经营环境下，如果只重视"合规则"，不重视"合规约""合规律"，就常常会"赢了官司，输了项目"。

4. "合规律"层面 ESG 合规管理的要求

"合规律"层次的企业合规管理，要求企业主动考虑经营所在地的道德规范、公序良俗、政治环境、社会环境、军事环境、文化环境、族群环境、宗教环境、自然环境、市场特殊偏好、监管发展方向等因素所构成的与企业可持续发展相关的市场规律，其 ESG 合规管理的起始环节及核心环节是利益相关方驱动型合规风险评估，这可以看成一种精细的公共关系管理。

"合规律"层面的合规管理，因为其非显性、复杂多变性等诸多特殊之处，必然无法由合规部门独自实现，而需要依赖于公司整体的文化和组织架构，尤其需要强调合规职能和合规文化的高度融合，以及合规管理三道防线之间全面高效地配合联动。对一线业务部门作为第一道防线的首责职能有最高的要求，同时也需要合规、ESG、HSSE、公共关系等诸多职能部门密切协调联动，形成第二道支持防线，还需要审计、监察等部门及时监督与问责形成第三道兜底防线。

四 有效 ESG 合规管理的基本原则

有效 ESG 合规管理活动的基本原则包括客观独立原则、全面覆盖原则、权责清晰原则、协同联动原则、务实高效原则。

（一）客观独立原则

《中央企业合规管理指引（试行）》要求：中央企业合规管理工作中坚持客观独立原则。严格依照法律法规等规定对企业和员工行为进行客观评价和处理。合规管理牵头部门独立履行职责，不受其他部门和人员的干涉。

"风险导向"职能的两条生命线分别是独立性和专业性，合规职能也不例外，应当首先符合独立原则。独立性是合规管理的首要原则，是指合规职能的运行不受任何不当干扰和/或压力。[①]

在 ESG 合规管理过程中，经常会出现合规管理制度挂在墙上，业务部门过于强势而不受合规部门的约束，高管不惜违法违规追求短期利益指标等现象。归根结底，在 ESG 合规管理中，没有解决诸如权力与合规的关系，也就不能解决合规的独立性问题。

根据《合规管理体系　要求及使用指南》（ISO 37301：2021），合规职能应拥有权限、地位和独立性。权限意味着合规职能被治理机构和最高管理者授予足够的权力。地位意味着其他人员很可能倾听和尊重他的意见。独立性意味着合规职能尽可能地不亲自参与可能暴露在合规风险之下的活动，履行其岗位时不应存在利益冲突。ESG 合规职能的独立性突出表现在以下几个方面。

第一，ESG 合规职能应该是独立的。不与组织、结构或其他因素冲突；应该可以自由行动、不受垂直管理者的干涉；应当配有体现有效合规重要性的有适当能力、身份权限和独立性的人员，可以直接向治理机构报告。合规权限赋予、汇报路线、人员任免及考核方面均应该按照独立性原则进行设置。

第二，ESG 合规调查职能尤其应当是公正和独立的。一般应酌情考虑设立独立的委员会来监督调查活动，并保证调查的完整性和

---

① 《合规管理体系　要求及使用指南》（ISO 37301：2021）。

独立性。合规调查过程应由具备相应能力的人员独立进行，且避免利益冲突。

第三，ESG 合规审核职能，无论其是内部还是外部的，都应免于利益冲突并保持独立性。合规审核应该是获取审核证据并对其进行客观评价，以判定审核准则满足程度的系统的、独立的过程。而独立审核就是指与正在被审核的活动无责任关系，无偏见和利益冲突。

第四，ESG 独立性需要客观性和公开性作为支撑。合规管理制度的制定与合规处罚的做出应该向内部公开，保证员工能够及时获取相关内容，这也是对合规职能独立性的制衡。

ESG 合规职能强调独立性原则，但并非合规管理的方方面面都要求独立。比如以下几个方面就更强调融合，而非独立。

第一，ESG 合规管理不宜单独实施，而是要融合既有体系，如风险、反贿赂、质量、环境、信息安全和社会责任等，应该协同参考实施 ISO 31000、ISO 37001、ISO 9001、ISO 14001、ISO/IEC 27001 及 ISO 26000。所以，合规方针也不宜是一个个独立文件，而应得到其他文件的支持，包括运行方针和过程。

第二，并非所有的组织都要创建独立的 ESG 合规职能部门。可以将此职能分配给现有岗位或外包。只是外包时，不宜将全部合规职能分配给第三方。即使只将部分职能外包，也应考虑对这些职能的职权进行监督。

第三，是否设立独立的 ESG 合规部门，可以从三方面评估，即是否具有不可替代的作用，是否可实现更高的质量和效率，是否有饱和的工作量。

目前，在实际工作中，合规部门的职能没有统一的定位，有的企业将合规职能列入公司的风控部门中，有的企业将合规职能列入公司的法律部门中，有的企业将合规职能列入公司的审计部门中，还有的企业将合规职能列入纪律检查部门中。

（二）全面覆盖原则

全面覆盖原则是指 ESG 合规管理体系应该全面覆盖，做到集中统一、客观高效，从而提高合规管理效能。

根据《证券公司和证券投资基金管理公司合规管理办法》《证券公司合规管理实施指引》等法律法规和规范性文件，合规管理应当覆盖所有业务、各个部门、各分支机构、各层级子公司和全体工作人员，贯穿决策、执行、监督、反馈等各个环节。

《中央企业合规管理办法》规定，中央企业合规管理工作应该坚持全面覆盖。将合规要求嵌入经营管理各领域各环节，贯穿决策、执行、监督全过程，落实到各部门、各单位和全体员工，实现多方联动、上下贯通。

全面覆盖原则运用时有以下几个方面的注意事项。

第一，全面覆盖原则并非意味着建立符合要求的 ESG 合规管理体系必须实施各类指南中的所有建议。企业还是要就其所面临的合规风险的性质和程度采取合理步骤，以履行其合规义务。

第二，全面性一般至少应该保证，企业视其规模宜有 ESG 合规管理的全面负责人，尽管该负责人可能兼有其他岗位或职能。

第三，全面性至少应该体现在公司行为准则中。合规运行控制的一个基本要素是行为准则，其中一般宜体现企业对 ESG 合规义务的全面承诺。行为准则宜适用于所有人员并使其能够获取和使用，并作为培育合规文化的依托之一。

（三）权责清晰原则

企业应统筹 ESG 合规责任和权力的分配或再分配。根据《合规管理体系 要求及使用指南》（ISO 37301：2021），最高管理者有责任确保企业充分实现关于合规的承诺。治理机构和最高管理者应确保合规责任在工作职责中得到适当体现，向所有管理层级分配合规责任，并要求所有雇员认识实现其负有责任的合规目标的重要性。

《中央企业合规管理办法》规定，中央企业合规管理工作应该坚持权责清晰原则。按照"管业务必须管合规"要求，明确业务及职能部门、合规管理部门和监督部门职责，严格落实员工合规责任，对违规行为严肃问责。

权责清晰原则要求建立全员 ESG 合规责任制，明确各岗位员工的合规责任并督促其有效落实。《中央企业合规管理指引（试行）》第二章明确了各层级管理部门在合规管理中的管理职责。指引要求中央企业建立健全合规管理"三道防线"。

业务部门是 ESG 合规风险的第一道防线，业务人员及其负责人应当承担首要合规责任。合规管理部门是 ESG 合规风险的第二道防线，同时也是合规管理体系建设和实施的责任单位。既有组织、协调和监督职能，对于一些重要的合规事项也应当有直接参与和执行的责任，如合规培训、合规举报的调查等。内部审计和纪检监察部门是 ESG 合规风险的第三道防线，监督、评价公司整体风险防控的有效性。

根据《合规管理体系 要求及使用指南》（ISO 37301：2021），在以下几个 ESG 合规管理环节，需要特别强调权责清晰。

第一，企业在分析 ESG 合规风险时应强调责任性。风险评估在考虑不合规的根本原因和来源之外，还应考虑后果及其后果发生的可能性。后果可能包括个人和环境伤害、经济损失、名誉损失、行政管理变更以及各种民事和刑事责任。

第二，企业在制定 ESG 合规方针或行为准则文件时应该强调责任性，包括管理战略以及责任和资源的分配，标准的合规管理程序、合规审计、合规尽职调查等。这类文件的制定宜与企业活动产生的合规义务和责任相适应。

第三，企业在评估 ESG 合规目标的实现时要强调责任性。宜以一种可测量其结果的方式来明确，比如是否至少每年向相关人员提供合规培训。评估时宜确定实现目标需要采取什么样的行动、什么时候行动、责任人是谁。

第四，企业在进行 ESG 合规调查时需要强调责任性。调查机制的设定需要查明不当行为的根源、合规管理体系的漏洞和责任缺失的原因，包括管理者、最高管理者和治理机构之间的责任缺失。缜密的责任分析涉及不合规的程度和普遍性，牵扯的人员的数量和素质，以及严重性、持续时间和频率。

第五，企业在进行 ESG 合规管理运行外包时需要强调责任性。企业合规管理运行的外包不会免除企业的法律责任或合规义务。所以企业应确保第三方过程得到控制和监视。

企业在设定 ESG 合规责任时一般需要考虑的要素包括：与企业的规模、性质、复杂性及其运行环境有关的合规管理体系的应用和环境；合规管理责任与其他职能责任的结合程度，如治理、风险、审计和法务责任；对内外部利益相关方的关系进行管理的原则；具体的国际、区域或属地义务与责任；企业的战略、目标、文化、治理方法、组织结构；拟采用的标准、准则、内部方针和程序、行业标准；与不合规相关的风险的性质和责任等级；等等。

对国有企业而言，企业在设定 ESG 合规责任时还需要特别注意配合对评价模式和创效目标的完善，特别是对企业管理层的考核周期及指标的设定需要进一步完善，要根据行业周期实事求是地设定各年份创效目标。传统的评价模式一般将市场份额与利润指标等作为第一梯队的考核模式，不配合合规考核，这种不完整的考核指标更容易激发管理层不合规的短视行为。还有些评价模式的周期设置不合理，一律以一年为考核周期，只要是当年市场销售额和利润指标没有达标，就给管理者打低分。对于工程、建筑、研发等周期较长的行业而言，这也更容易引发不合规行为。

（四）协同联动原则

协同性是企业 ESG 合规管理落地的关键因素。规则是可控的，而执行是不可控的。执行中的协同程度直接决定企业合规管理建设的有效性，同时也是企业管理创新的难点。许多公司都在积极探索适合企业自身特点的融合模式。

企业 ESG 合规管理体系建设的融合，可涉及对既有的法律、内控、风控、审计、监察等体系的融合，亦可涉及与质量、安全、职业健康、环境、信息安全、反贿赂、社会责任等管理体系的融合。需重点考虑以下几个方面。

第一，融合目标定位上需强调重点。着力解决两类问题：一是风险导向职能的资源分散，无法达到"力出一孔"；二是各类风险信息沟通不畅，无法协同实施风险应对。

第二，强调制衡，但又不互相羁绊。需要在企业治理结构、机构设置及权责分配、业务流程等方面相互制约、相互监督，同时兼顾运营效率，强调协调，但不能沆瀣一气。

第三，强调融合，但并非简单相加。相互协调和制约的体系融合，并非简单的体系、规则等要求的叠加，而是要求在企业战略和运行目标与合规义务相协同的整体目标下，将合规管理的核心要求、方法、标准与相关管理体系的核心要求、方法与标准相结合。

第四，强调创新，但并非另起炉灶。要借助既有管理手段，避免交叉低效。管理创新与体系融合宜借助既有组织机构、职责、制度、流程与信息化手段等有效要素，尽量避免诸多要素的重复和多体系独立运行导致的职责交叉、管理低效、管控不利的风险。[1]

（五）务实高效原则

《中央企业合规管理办法》规定，在中央企业合规管理工作中要坚持务实高效。建立健全符合企业实际的合规管理体系，突出对重点领域、关键环节和重要人员的管理，充分利用大数据等信息化手

---

[1] 《合规管理体系　要求及使用指南》（ISO 37301：2021）。

段，切实提高管理效能。

ESG 合规的专业水平不能停留在"纸上谈兵"层面。合规的效率要体现在更优的解决方案上。不仅仅是挑战业务部门，而且要拿出比业务部门更优的方案，帮助业务部门合规地做业务。合规部门能够对业务部门提出挑战，就是水平，能够在挑战的同时提出可落地的方案，才是高水平。

企业 ESG 合规管理体系需要权衡实施成本与预期效益，以适当的成本实现有效控制。控制实施成本要求合规管理与企业经营规模、业务范围、竞争状况和风险水平等相适应，并随着情况的变化及时加以调整。

确定预期效益要求企业在兼顾全面的基础上抓住关键所在，突出重点领域、重点环节和重点人员，切实防范 ESG 合规风险。2008年财政部会同证监会、审计署、银监会、保监会制定发布的《企业内部控制基本规范》第四条也要求企业在建立与实施内部控制时，应当遵循重要性原则，花费过多时间在细微的业务上，可能忽略重要事项的合规，这本身就意味着合规管理体系的无效。

2018 年国资委印发的《中央企业合规管理指引（试行）》中明确了合规管理的重点业务领域、重点环节、重点岗位人员以及海外投资经营的合规管理要求、内容和保障措施等八个方面。其中，第十五条明确要求加强对重点人员的合规管理。其中明确列举了四类人员。一是管理人员。要求促进管理人员切实提高合规意识，带头依法依规开展经营管理活动，认真履行承担的合规管理职责，强化考核与监督问责。二是重要风险岗位人员。要根据合规风险评估情况明确界定重要风险岗位，有针对性地加大培训力度，使重要风险岗位人员熟悉并严格遵守业务涉及的各项规定，加强监督检查和违规行为追责。三是海外人员。要求将合规培训作为海外人员任职、上岗的必备条件，确保遵守我国和所在国法律法规等相关规定。四是其他需要重点关注的人员。

环境社会篇（ES）

国际规则重构背景下全球负责任商业
行为的趋势、路径与挑战

孙立会*

一　国际经贸规则重构的三大特征

十余年来，多边贸易体制、二十国集团、区域经济合作等国际治理机制发生了诸多变化。为了使国际规则能够更好体现各自利益诉求，世界各国展开了错综复杂的博弈，这种博弈在国际经贸领域更多体现为规则的重大变革。国际经贸规则的重构势必对各国利益产生深远影响，所有的商业主体都不可能置身事外。

总体来看，新时期规则重构体现出三个重大特征：

一是负责任商业行为和合规性作为更高的、软性的要求融入国际多双边投资协定和贸易规则；

二是不断推出供应链人权和环境立法，通过长臂管辖迫使企业合乎国际规则；

三是自愿性可持续标准实现软法硬化成为新时期全球经济体规范化治理的新范式。

上述三个特征相互关联、相互促进，是欧美等西方发达国家在国际社会推动负责任商业行为的系统性战略，也是负责任商业行为

* 孙立会，中国五矿化工进出口商会发展部主任，关键矿产责任倡议（RCI）发起人。

领域成功实施规则变革的核心要素。此战略不但抢占了伦理道德的制高点，主导了国际规则话语权，还能借助高标准实施投资和贸易壁垒，为进一步控制全球供应链打下规则基础。

二 负责任商业行为融入国际多双边协定

2008 年国际金融危机爆发后，国际经贸规则（如货物贸易、服务贸易、国际投资、国际金融、政府采购、知识产权、国际金融、发展援助及可持续发展等）不断加速演变，其主要变化是或多或少、或明或暗、或深或浅地融入了负责任商业行为议题，即人权、劳工、健康、安全、环境、公平运营、供应链尽责、社区发展、透明度、反腐败、知识产权等。鉴于篇幅，本文仅以《全面与进步跨太平洋伙伴关系协定》和"中欧投资协定"为例进行阐述。

（一）负责任商业行为构成 CPTPP 的高准入门槛

以《全面与进步跨太平洋伙伴关系协定》（CPTPP）为例，全文共分 30 章，内容涵盖货物贸易、海关管理及贸易便利化、卫生与植物检疫措施、技术性贸易壁垒、贸易救济措施、投资、服务、电子商务、政府采购、知识产权、劳工、环境、发展、竞争力、包容性、争端解决、例外和制度性安排等。[①] 虽然在美国于 2017 年退出 TPP 后，为了促进其余 11 个国家快速达成共识，冻结了 20 项条款（大部分是知识产权内容），但 CPTPP 依然是迄今为止最高水平的经贸自由机制之一。

高水平意味着高准入门槛，其重点是与贸易和投资相关的竞争中立、环境、劳工、透明度、反腐败等方面的新规则。CPTPP 与《区域全面经济伙伴关系协定》（RCEP）相比，最大的区别之处也

---

① http://www.mofcom.gov.cn/article/zwgk/bnjg/202101/20210103030014.shtml.

在于融入了很多负责任商业行为议题。

2021年9月16日，中国商务部部长王文涛向CPTPP保存方新西兰贸易与出口增长部部长奥康纳提交了正式申请加入CPTPP的书面信函，体现了中国维护多边贸易体制、继续扩大开放的积极态度。但是如何在短期内补足我国政策和机制的短板，增强国际化企业负责任商业行为的意识和能力，仍然是一个极具挑战性的工作。

（二）"中欧投资协定"将劳工和环境标准作为四大核心议题之一

历经7年35轮艰苦谈判，"中欧投资协定"（以下简称"协定"）终于在2020年12月30日宣布谈判如期完成。"协定"涉及领域范围远远超出传统双边投资协定，核心内容包括四个方面：

第一，保证相互投资获得保护，尊重知识产权，确保补贴透明性；

第二，改善双方市场准入条件；

第三，确保投资环境和监管程序清晰、公平和透明；

第四，改善劳工标准，支持可持续发展。

"协定"有别于中国缔结的其他协议，主要体现在第四项核心内容，即双方约束为基于可持续发展原则的价值投资关系，有关规定须遵循专门制定的执行机制，以高度透明和民间社会参与的方式处理分歧。"协定"还包括关于环境和气候的承诺，有效执行《巴黎气候协定》。中国还做出承诺，在劳工和环境领域，不为吸引投资而降低保护标准，不为保护主义目的使用劳工和环境标准，并遵守有关条约规定的国际义务；承诺支持本国企业承担企业社会责任；承诺致力于批准尚未批准的国际劳工组织（ILO）基本公约。

2021年5月20日，欧洲议会以压倒性的票数通过了冻结"协定"的议案，意味着欧洲议会停止相关审议，按下暂停键。但无论如何，"协定"是一项全面、平衡和高水平的协定。

联合国人权理事会在 2021 年 6 月 21 日召开的第 47 届大会上发布了《〈工商业与人权指导原则〉十周年盘点报告》，对《工商业与人权指导原则》过去十年的成效与挑战做了非常细致深入的回顾和总结。文件仅有两次提及中国，其一是第 47 条提到 "中国政府首次与贸易伙伴在贸易协议中加入负责任企业行为的标准和原则"。这是在近年西方不断指责我国人权状况的局面下，联合国官方文件对中国给出的积极、正面的评价。

三 国际公认的三大负责任商业行为规则

随着全球环境恶化、气候异常、恐怖活动、贸易争端、能源危机等诸多问题的产生，国际多边组织、非政府组织，以及投资、贸易和金融机构与国际品牌企业等先后建立了一系列关注负责任商业行为的国际公约、准则、标准和倡议等，要求企业在盈利的同时，必须确保经济、社会和环境的协调可持续发展，以防范和缓解全球化进程带来的负面影响。总体上，此类规则包括经济、社会、环境和治理四个方面。在众多规则的加持下，造就了很多理想派、理论派、实践派、行动派和观望派，还陆续产生了许多新概念，如企业社会责任（CSR）、环境社会治理（ESG）、负责任商业行为（RBC）、工商业人权（BHR）、可持续发展目标（SDG）等。

本文仅就当前在国际负责任商业行为领域被多边核可和国际社会公认的 "三大规则" 进行介绍，分别为：联合国《工商业与人权指导原则》、国际劳工组织（ILO）《关于多国企业和社会政策的三方原则宣言》、经济合作与发展组织（OECD）《跨国企业准则》。

（一）《工商业与人权指导原则》是唯一获得联合国会员国一致认可的关于负责任商业行为的国际文件

《工商业与人权指导原则》全称为《工商业与人权：实施联合

国"保护、尊重和补救"框架指导原则》（以下简称《指导原则》），由联合国大会授权联合国秘书长工商业与人权问题特别代表研究起草，联合国人权理事会 2011 年 6 月 16 日第 17/4 号决议一致核可了该文件。目前，《指导原则》是唯一真正获得联合国成员国一致认可的关于负责任商业行为的国际文件。《指导原则》由 31 条具体原则构成，适用于所有国家和企业。

《指导原则》的核心是三大支柱，即"保护、尊重和补救"框架：国家负有保护人权不受工商企业损害的义务；工商企业负有尊重人权的责任；受害者的人权受到损害时须获得救济。《指导原则》的创新之处在于认可企业有能力弥补治理缺陷，同时企业可以通过强化管理来减少和消除其经营活动对人权的实际和潜在不利影响。

《指导原则》虽然不具有法律拘束力，但由于得到了联合国成员国的一致支持和其他国家以及企业界（尤其是跨国公司）的积极响应，迅速成为各国立法和相关规则的指导性文件。

（二）国际劳工组织《关于多国企业和社会政策的三方原则宣言》关注国际投资、贸易以及全球供应链带来的劳工挑战

国际劳工组织《关于多国企业和社会政策的三方原则宣言》（以下简称《多国企业宣言》）于 1977 年由政府、雇主和工人三方谈判通过。它是国际劳工组织提供给企业确保人人享有体面劳动的指导文书，突出了结社自由、集体谈判、产业关系和社会对话的核心作用。

为了应对不断增多的国际投资、国际贸易以及全球供应链的快速增长带来的劳工挑战，国际劳工组织于 2017 年 3 月对《多国企业宣言》进行了修订，涉及社会保障、强迫劳动、从非正规经济向正规经济转型、工资、尽职调查程序、申诉机制以及为与企业有关的侵犯人权行为的受害者提供补救等问题。

（三）经济合作与发展组织《跨国企业准则》是唯一得到加入国政府支持并预设申诉机制的国际文书

经济合作与发展组织《跨国企业准则》（以下简称《准则》）是目前唯一经过多边商定，并且加入国政府承诺推广的综合性负责任商业行为守则。《准则》自 1976 年通过以来，先后更新了 5 次，最新版本更新时间是 2011 年。其持续更新的目的是确保《准则》在全球负责任工商业行为议程中的核心位置。

《准则》共包含 11 个章节，分别为概念和原则，一般性政策，信息公开，人权，就业和劳资关系，环境，打击行贿、索贿和敲诈勒索，消费者权益，科学技术，竞争，税收。在所有关于负责任工商业行为的国际文书中，这是唯一得到加入国政府支持，并且预设申诉机制的文书。根据这一申诉机制，所有加入国需要设立国家联络点（NCP），并有义务为利益相关方搭建平台，讨论问题、提供帮助，协助解决指控不遵守《准则》的有关问题。

四 自愿性可持续标准成为全球供应链尽职调查最有效的工具

自愿性可持续标准（Voluntary Sustainability Standard，VSS）由非政府机构制定，侧重健康与安全、劳动保护、环境影响、社会责任等方面的可持续发展，关注供应链中的产品、服务以及生产过程等对环境、社会和经济领域的影响。据国际贸易中心（ITC）统计，全球至少有 450 个自愿性可持续性标准，涵盖 80 多个行业（典型的行业如矿产、电子、通信、纺织、林业、农业、渔业、化工等），适用于 180 多个国家和地区。

自愿性可持续标准历经近三十年的发展，议题从最初应对棘手的劳工和工会问题，到纳入强迫劳动、童工等人权问题，再扩展到原住民权益、社区发展和环境问题，现在又加入了反腐败、冲突风险、气候变化、生物多样性和碳排放等新要求。自愿性可持续标准发展日趋成熟，其发展大致经历了三个阶段：

（一）第一个阶段：跨国企业迫于外界压力开始的自我革命

20 世纪 90 年代，西方跨国公司为了洗白"血汗工厂"的恶名，提升本企业国际形象，被迫开始编制自己的供应商行为准则，委托第三方审核公司对其代加工厂和供应商开展审核，以期发现不符合自身准则要求的问题和风险，督促和规范供应商的运营行为，确保自身名誉不被牵连，自身利益不受损失，也就是"基于自身风险的尽责管理"。

最典型的例子是美国服装巨头李维斯（Levi's）因使用童工、过度加班、工作条件恶劣及随意克扣薪水等问题被国际媒体揭露，引发投资者恐慌，导致其股价大跌，为此李维斯于 1991 年制定了全球范围内第一个针对供应商的"全球采购与营运准则"。

这一开创之举，是西方世界反思其价值观的一次改进式实验。目前，几乎所有西方大型跨国品牌公司（如苹果、微软、戴尔、惠普、巴斯夫、戴姆勒、H&M 等）都建立了供应商行为准则。

（二）第二个阶段：跨国公司基于共同需求组成的联盟式协作治理

随着更多跨国公司陆续被非政府组织和媒体揭露不负责任的行为，它们纷纷开始制定自己的供应商行为准则。为了降低在上游供应商开展重复审核和交叉审核的频率，减少审核成本以提高效率，一些西方跨国公司根据地域性、行业性或业务相关性等，自发组成各类行业联盟，统一制定自愿性可持续标准，合力推动在全球供应链中开展第三方审核，在成员内部共享尽职调查结果。

此类联盟萌芽的原动力是跨国公司为了洗白自己，用最小化投入撬动社会资源效率最大化。随着跨国公司的深度参与和此类联盟的发展壮大，一整套完备的供应链尽职调查体系逐步形成，为推动全球范围企业的规范化治理做出重要贡献。此类联盟由众多大型跨国公司组成，当然会掌握规则制定权和市场话语权，自愿性标准的"自愿"自然不等同于志愿和情愿，这是进入其市场的"护照"和"标签"。有些联盟也成为跨国公司的风险"避风港"和指令"代言人"。被巨人背书的自愿性可持续标准成为对上游供应链进行风险调查最有效的工具，也成为对"不听话"供应链企业"洗牌"的有效路径，同时为非政府组织通过自愿性可持续标准参与全球治理开拓了新范式。

（三）第三个阶段：欧美立法助力自愿性可持续标准实现"软法硬化"

鉴于各国法律法规和治理能力的差异性，全球投资、生产、贸易、消费企业分布的分散性，供应链上下游参与关系的复杂性，负责任商业行为议题的广泛性，企业规模和治理水平参差不齐，以及自愿性可持续标准繁多等，企业界在采纳自愿性可持续标准的内在动力和有效性方面还存在巨大差异。为此，美欧等西方发达国家陆续通过立法方式强化此类规则在全球范围内的推进和实施。

典型的立法有：美国 2010 年生效的《多德－弗兰克华尔街改革和消费者保护法》（第 1502 条）、2015 年 3 月生效的《联邦采购法规》，英国 2015 年 3 月生效的《现代奴役法案》，法国 2017 年 3 月生效的《企业责任警戒法》，德国 2021 年 6 月通过的《供应链法》，挪威 2021 年 6 月通过的《企业透明度及基本人权和体面劳动法案》，瑞士 2021 年通过的《负责任企业倡议法案》，欧盟 2013 年起实施的《木材尽责管制法规》、2014 年发布的《政府采购公共指令》、2021 年生效的《冲突矿产法规》、2021 年推出的《供应链环境与人权尽职调查法规》和《新能源电池法规》、2022 年公布的《可持续尽责指令》，等等。

西方发达国家为了牢牢掌控规则话语权和市场竞争力，加大对供应链的管控力度，利用强势的市场支配地位和买方市场优势，辅之以多双边规则、国家立法及政治、外交等举措，以拉入黑名单、限制交易、海关扣押、行政制裁等手段相威胁，在全球范围强力推进自愿性可持续标准并开展供应链尽职调查。世界贸易组织（World Trade Organization，WTO）作为全球参与国家最多、最被广泛认可的多边贸易协调机构，制定了一系列针对技术性壁垒的限制措施，有完备的申诉磋商程序，却对自愿性可持续标准没有约束力，"经济联合国"的监管手段对此只能望洋兴叹。

自愿性可持续标准在全球供应链开展尽职调查的措施属于典型的"穿透式治理"，穿透的不仅仅是供应链上不同类型的企业主体和管理体系，也穿透了各国物理边界和法律规制，甚至穿透了社会意识形态和民主价值观，形成了欧美国家国内立法的域外适用和长臂管辖。

此外，2014 年开始，联合国人权理事会启动《跨国公司和其他工商企业与人权问题法律文书》全球谈判进程，目的是为跨国企业制定有强制约束力的国际法律规范，明确跨国公司侵犯人权的法律责任，强化母国政府在企业跨国治理中的连带责任，建立系统性预防、监督和追责机制。目前，该文书已经在全球范围完成七次谈判，推出第三版修订文案。如果这一法律文书获得通过，将突破现有司法管辖权范围，建立新的国际追责机制，给中国企业的跨国经营带来更多不确定性，也向政府加强对"走出去"企业的事中、事后管理提出新的挑战。

五 国际规则变革对我国的启示和相关政策建议

自我国提出"走出去"战略以来，大量的企业启动国际化进程，取得了很多可喜成果。据商务部、国家外汇管理局统计，2021 年，我国对外全行业直接投资 9366.9 亿元人民币，同比增长 2.2%（折合 1451.9 亿美元，同比增长 9.2%）。其中，我国境内投资者共对全球 166 个国家和地区的 6349 家境外企业进行了非金融类直接投资，累计投资 7331.5 亿元人民币，同比下降 3.5%（折合 1136.4 亿美元，同比增长 3.2%）。① 截至 2020 年底，中国 2.8 万家境内投资者在国（境）外共设立对外直接投资企业（即境外企业）4.5 万家，分布在全球 189 个国家和地区。② 2021 年，我国货物贸易进出口总值 39.1 万亿元，比 2020 年增长 21.4%。其中，出口 21.73 万亿元，增长 21.2%；进口 17.37 万亿元，增长 21.5%。③

我国如此众多的跨国企业和庞大的国际贸易体量，必然受到国际社会高度关注。国际社会对我国企业的关注点除了为全球经济做出多大贡献，为当地社会创造多少就业，也更加聚焦对驻在国的社会、环境和治理产生的直接或间接的影响。我国企业国际化进程中出现的负责任商业行为问题，不但会对企业的正常经营活动产生巨大冲击，也会给国家形象带来负面影响。

近十年来，我国政府部门和监管机构也开始高度关注企业的负责任商业行为问题，国家发改委、商务部、国务院国资委、环保部、工信部、银监会、上交所、深交所等先后发布了多项企业社会责任实施纲要和指导文件，用以引导和规范企业的社会责任建设。我国在矿业、纺织、电子、通信、林业、农业、金融、工程等领域社会责任建设工作起步较早，纷纷建立了相关行业自愿性标准体系。

但是在国际投资和贸易领域，能全面覆盖负责任商业行为议题

---

① 《2021 年我国对外全行业直接投资简明统计》，商务部官网，2022 年 1 月 24 日，http://www.mofcom.gov.cn/article/tongjiziliao/dgzz/202201/20220103238997.shtml。

② 《商务部、国家统计局和国家外汇管理局联合发布〈2020 年度中国对外直接投资统计公报〉》，中央人民政府官网，2021 年 9 月 29 日，https://www.gov.cn/xinwen/2021-09/29/content_5639984.htm。

③ 《2021 年我国进出口规模再上新台阶》，人民资讯百家号，2022 年 1 月 18 日，https://baijiahao.baidu.com/s? id=1722256504180237958&wfr=spider&for=pc。

并指导企业开展规范化管理的政策文件仍处于空白状态。数十个行业编制的自愿性标准由于没有配套的激励政策和约束机制，缺少政府强有力的支持，也未能在中国企业中得到广泛采信。

基于以上分析，结合当前中国实际情况，特对政府部门、行业组织、企业界和学术界提出以下建议。

（一）政府层面

1. 做好顶层规划，研究制定中国跨国企业行为准则

将企业海外投资和国际贸易的负责任商业行为议题纳入对外经贸政策的顶层设计，明确牵头部门，成立专家工作组，研究制定既满足国际要求又符合我国企业现实需求的跨国企业行为准则和实施机制。

2. 积极参与国际规则磋商，重视标准在外经贸规则话语权中的作用

政府应积极组织和参与联合国、经合组织以及区域多双边协定关于负责任商业行为规则的对话、磋商与谈判进程，重视标准在争夺外经贸规则话语权中的作用。在对外交往和传播中，不但要重视气候变化和生物多样性等环境问题，也要强化工商企业人权问题，展示中国负责任态度和大国形象。

3. 对海外投资项目开展社会和环境影响评估

在各驻外使馆经商处设立负责任商业行为专岗，重点跟踪和监督我国海外企业或项目的负责任商业行为问题，引导企业规范化治理，融入本地社会，防范因社会和环境问题引发的投资合作风险。在政府不断弱化前置性审批后，应将我国海外投资项目的社会和环境影响监测和评估作为加强事中和事后监管的有力措施，助力高质量"一带一路"合作。

4. 在进出口贸易管制中融入供应链尽责治理政策

在稳定外贸规模和贸易便利化基础上，重点关注进出口商品供应链各环节的安全性、合规性和可持续性，深入研究供应链的瓶颈

点和技术性贸易壁垒。基于《国家人权行动计划(2021—2025年)》的相关部署,主动对标国际公认的规则和区域协定要求,适当将负责任企业行为内容融入贸易资格条件,从进出口环节帮助企业把好合规关,持续提高企业规范化治理能力。

5. 借助国际发展合作资金的杠杆作用参与国际治理合作

深入研究欧美日等开展对外发展合作的成功经验,借助联合国及中英、中德已经建立的政府间可持续发展合作机制,优先选择我国海外投资相对集中且有重大利益的国家启动"软性"的可持续发展合作项目。发挥杠杆作用,聚合中资企业的社区发展资金,撬动其他发展基金,采取多利益相关方参与的方法开展合作共治,对标联合国2030年17个可持续发展目标,传播正面影响。

(二) 行业层面

1. 加紧研究本行业自愿性可持续标准的实施机制

相关行业要充分认识自愿性可持续标准在规范行为、促进合作和国际竞争中的作用,加强行业间横向互动和经验分享,主动参与国际合作,深入研究自愿性可持续标准的落地措施和实施机制,不断提高中国标准的国际互认度和影响力。

2. 搭建国内外各利益相关方的沟通对话和磋商平台

行业组织作为非官方、非营利性的组织,可在国际间开展的负责任商业行为合作中发挥桥梁和纽带作用,主动收集外界对我国企业的意见、期望和诉求,搭建企业与外界进行调节、斡旋、磋商和对话的非司法性质申诉平台。

(三) 企业层面

1. 将负责任商业行为纳入企业战略和全面风险管理

高度重视负责任商业行为风险给企业经营和决策带来的破坏性作用,将国际负责任商业行为议题融入企业战略和日常管理,建立完备的风险管理体系。改变传统供应商管理模式，加强供应链上下游协作，补齐供应链尽责管理意识和能力短板。

2. 加强企业间协调行动并优先采用中国自有标准

要想将产能优势转化为竞争优势，进而拥有一定的规则话语权，需要发挥龙头企业的带头作用，促进同行企业和供应链上下游企业抱团取暖、达成共识、联合行动，增强全局意识和大局意识，主动参与规则谈判，加强对重要商业数据的保护，不碰红线、不越底线，优先在实践层面采用中国自有标准。

（四）学术层面

1. 对负责任商业行为领域开展系统性和前瞻性研究

学术界要把负责任商业行为作为重要的研究领域，在社科基金、研究专项等支持下，全面梳理各类型规则出台背景、主要议题、实施战略和我方观点等，持续跟踪各国相关立法进展，深入研究自愿性可持续标准可能产生的技术性壁垒，从经济、社会、政治、外交、文化和价值观等层面开展前瞻性研究，提出适合我国国情和企业特点的基础理论和治理框架。

2. 培养一批具备国际视野和实践经验的国际化、复合型人才

考虑到国际负责任商业行为工作的复杂度和跨专业特点，国内各机构在认识、做法和能力方面参差不齐，极度缺乏国际化人才。要充分发挥高等院校的教育资源和合作网络，不拘一格吸引跨领域、跨专业、跨行业的权威专家、资深学者和企业领袖组成导师团，创新开发系统性课程体系，融入本科、研究生、MBA课程，打造负责任商业行为大师班。通过系统性培训，培养一批拥有国际背景、专业知识、实践经验丰富的复合型专家人才。

论企业气候信息合规的协同进路

于文轩　宁天琦[*]

气候信息合规是我国企业在"走出去"的过程中无法回避的一个问题。气候信息是反映企业应对气候变化问题现状最直观、最高效的载体。有效的气候信息应当充分反映企业应对气候变化问题的规划、决议、制度和效果等，具体涉及领域包括但不限于减排规划、影响评价、监测预测和预警以及适应减排后的保障等。[①] 在气候信息合规活动缺少法律规范制约和指引的背景下，企业信息收集和管理工作存在标准模糊、主管责任分工不明确、披露内容可参考性不足等问题，气候信息合规因此成为企业 ESG 合规的难点。以协同治理思路构建企业气候信息合规体系，有利于企业气候信息合规主体明确内部分工、有效开展气候信息合规工作，也有利于企业在国际业务和项目合作中降低合规成本，使企业获得更多国际交易合作机会。

一　企业气候信息合规的内涵与困境

企业合规不仅仅限于企业为了规避法律风险，依据法律规范、企业内部规章和行业规范进行经营活动的被动守法，也包含企业为

---

[*] 于文轩，法学博士，中国政法大学钱端升讲座教授，博士生导师，中国政法大学民商经济法学院副院长、环境资源法研究所所长，中国法学会环境资源法学研究会副会长；宁天琦，中国政法大学民商经济法学院博士研究生。

[①] 刘哲、王灿发：《论我国应对气候变化的适应性制度构建》，《学术界》2016 年第 6 期。

了提升竞争力、完善自身管理结构、降低交易成本而进行风险评估和规划的主动管理。[①] 在此背景下，合规管理的目的已经从防范和规避一般法律风险精细化到防范特定的合规风险，[②] 包括但不限于财务风险、系统性管理风险、生态环境风险、人力和劳动风险等。如今，气候信息合规已成为近年来企业合规，尤其是大型企业、能源资源型企业、上市公司等市场影响较大的企业必须面对的问题。合规的本质是企业的组织和行为合乎规范。对企业组织和行为形成约束并能影响企业决策的规范主要包括三个层面：第一，可以作为法律渊源的法律规范，包括法律、行政法规、规范性文件；第二，具有约束力的规约，包括平等市场主体之间签订的有法律效力的协议等；第三，政策要求，包括国家减排政策和行业减排规划。另外，国际规约和域外立法实践虽然不能直接对我国企业气候信息合规产生规范效力，但会影响企业在海外开展项目和合作时的合规成本。因此，企业也需对国际规约和域外立法中的气候信息合规标准予以关注。

我国现有的一些法律规范涉及企业气候信息。在信息内容方面，碳排放信息、碳交易信息和气候财务信息是重点内容。根据财政部2020年1月施行的《碳排放权交易有关会计处理暂行规定》，企业需要披露的碳排放信息包括碳排放财务信息，与碳排放权交易相关的信息（包括参与减排机制的特征、碳排放战略、节能减排措施等），碳排放配额的具体来源（包括配额取得方式、取得年度、用途、结转原因等），节能减排或超额排放情况（包括免费分配取得的碳排放配额与同期实际排放量有关数据的对比情况、节能减排或超额排放的原因等），交易及变动信息（包括初期配额、增加或减少配额、期末配额）。根据《生态环境部关于统筹和加强应对气候变化与生态环境保护相关工作的指导意见》（环综合〔2021〕4号），全国

---

① 杨力：《中国企业合规的风险点、变化曲线与挑战应对》，《政法论丛》2017年第2期。
② 毛逸潇：《合规在中国的引入与理论调试——企业合规研究评述》，《浙江工商大学学报》2021年第2期。

碳排放权交易市场重点排放单位数据报送、配额清缴履约等实施情况将被作为企业环境信息依法披露内容，有关违法违规信息记入企业环保信用信息。在信息披露主体方面，重污染企业、重点行业企业和上市公司是主要披露义务主体。生态环境部于 2022 年 2 月开始施行的《企业环境信息依法披露管理办法》要求上市公司和部分重点企业进行碳排放设备设施和碳排放量的披露。资本市场监管者也对气候信息披露提出了一定要求。中国证监会在修订年报和半年报信息披露内容与格式准则时，新增了"环境和社会责任"章节，鼓励公司自愿披露在报告期内为减少碳排放所采取的措施及其效果。上交所、深交所的 ESG 信息披露指引均对企业提出了管理信息和技术信息的披露要求。2017 年至 2021 年，中国证监会、上交所和深交所发布了超过 10 个指引和信披准则，以强调上市公司（特别是重污染行业公司和科创板公司）强制或自愿披露包括碳信息在内的 ESG 信息。①

    同时应看到，我国企业气候信息合规也面临挑战。首先，气候信息的收集、管理和披露需要企业付出一定成本，加之我国现有规范并未对企业提出气候信息强制披露要求，企业常常怠于主动进行信息披露，而这些信息恰恰是投资者提供判断企业可信赖度的一类重要依据。② 当投资者无法获得充分的气候信息时，出于对决策失败风险的考虑，投资者会要求企业付出额外的交易成本，甚至主张终

---

① 中国证券监督管理委员会 2017 年发布的《公开发行证券的公司信息披露内容与格式准则第 2 号——年度报告的内容与格式（2017 年修订）》，2018 年发布的《上市公司治理准则》，2021 年发布的《公开发行证券的公司信息披露内容与格式准则第 2 号——年度报告的内容与格式》（2021 年修订）；上交所 2020 年发布的《上交所上市公司定期报告业务指南》、《上市公司科创板上市公司自律监管规则适用指引第 2 号——自愿信息披露》、《上交所科创板股票上市规则》（2020 年修订）；深交所 2018 年发布的《深交所上市公司环境、社会责任和公司治理信息披露指引》，2020 年发布的《深交所创业板上市公司规范运作指引》（2020 年修订）、《深交所上市公司社会责任报告披露要求》、《深交所上市公司信息披露工作考核办法》（2020 年修订）。

② 应飞虎：《从信息视角看经济法基本功能》，《现代法学》2001 年第 6 期。

止交易。① 由此引发的信赖减损还会影响企业声誉，不利于企业长远发展。其次，《国家适应气候变化战略2035》（以下简称《战略2035》）要求我国于2035年建成"适应型社会"，但由于我国现有法律规范较少涉及评估风险、监测预警等"气候适应"的内容，企业对"气候适应"信息披露关注不足。② 最后，气候信息中的评估和决策信息属于预测性信息，③ 但我国法律规范并未对预测性信息披露"重大性"的具体标准作出明确规定。参考描述性信息披露标准④进行预测性气候信息披露将使企业承担过于严苛的义务，也会影响企业气候信息披露的积极性。

二 企业气候信息合规的内部组织协同

由于法律规范缺少对气候信息强制披露的要求，企业只有做到内部组织分工明确，才能更加有效地实现气候信息的自我管理。根据我国《公司法》的规定，董事会和监事会是企业主要的经营决策和监督机构，是企业合规活动的主要实施者。其中董事会负责公司具体经营事务和构建内部管理组织；监事会负责对董事会、高级管理人员的公司业务行为和组织行为进行监督并提出建议。

在相当长的时期里，企业普遍认为ESG问题并不属于与股东利益密切相关的问题，在董事会议中常常围绕气候信息合规是否属于

① 叶陈刚、王孜、武剑锋、李惠：《外部治理、环境信息披露与股权融资成本》，《南开管理评论》2015年第5期。

② 马蔚华、宋志平主编《可持续发展蓝皮书：A股上市公司可持续发展价值评估报告（2021）》，社会科学文献出版社，2021。

③ 余元瑾、张崇胜：《注册制改革背景下我国预测性信息披露制度的构建》，《天津商业大学学报》2017年第5期。

④ 描述性信息是上市公司在经营活动中已经形成的事实，习惯上被称为"硬信息"。预测性信息是对未来公司经营状况、盈利状况和风险的预测形成的信息，通常被称为"软信息"。参见李东方《证券监管法论》，北京大学出版社，2019。

董事职责并接受监事监督展开激烈的辩论。① 但是，企业内部并没有其他机构能够代替董事会做出气候信息合规和信息披露的决策、实施完整有效的合规流程。董事会和监事会在气候信息合规中长期缺位，披露常常流于形式，缺乏有效性。统计数据显示，我国有近一半的上市公司未披露量化的环境和气候数据。②

一些国家在立法实践中强调了董事会在企业气候信息合规中的义务。例如美国 2002 年的《萨班斯法案》强调了董事的信息披露义务。虽然该法案对气候信息披露的影响是间接的，但其加重了公司虚假信息（包括气候、环境相关信息披露）披露责任，也将披露义务主体范围扩大至公司首席执行官和首席财务官。③ 美国证券监督管理委员会（SEC）也认为，上市公司年报中应包含公司管理层对公司财务报告内部控制有效性的评估。④ SEC 的 S - K 条例第 101 条更新内容明确指出公司管理层人员对重大关切事项的讨论和分析、态度和措施是一个重要的信息披露主题，这可能会导致公司管理层成为气候信息披露的直接义务人。⑤ 美国公众公司会计监督委员会（PCAOB）的相关规则要求审计人员就审计过程中出现的重大问题与董事会进行沟通。⑥ 再例如，德国法虽然没有明确规定董事的气候变化治理义务，但审判机关在一些判例中认为董事具有合规风险分析

---

① Milton Friedman & A Friedman Doctrine, "The Social Responsibility of Business Is to Increase Its Profits," *The New York Times*, Sept. 13, 1970.

② 马蔚华、宋志平主编《可持续发展蓝皮书：A 股上市公司可持续发展价值评估报告（2021）》，社会科学文献出版社，2021。

③ 2002 年的《萨班斯法案》要求公司首席执行官和首席财务官在所有的财务报表上签字以保证其真实性，他们可能因财务报告不准确而承担巨额民事责任，甚至承担个人刑事责任。D. Monsma & Timothy Olson, "Muddling through Counterfactual Materiality and Divergent Disclosure: The Necessary Search for a Duty to Disclosure Material Non-Financial Information," Westlaw Citation: 26STENVLJ137, 2007.

④ Robert C. Kirsch & Tina Y. Wu, "Disclosure of Environmental Liabilities: SEC Obligations, Auditing Standards, and the Effect of Sarbanes-Oxley", Westlaw Citation: SS003ALI-ABA1789, 2010.

⑤ 17 CFR § 229. 101 (c).

⑥ PCAOBAS 1301.

义务，并有在认为风险超出限度时设立专门组织进行合规活动的义务。同时，监事有义务监督董事行为并判断董事对合规风险分析的有效性。[①]

从企业内部组织制度看，气候信息合规活动的主体主要是董事会和监事会。首先，董事会应当承担气候信息合规组织义务。董事会的合规组织义务是由董事信义义务发展而来的。董事出于尽职勤勉的态度，应当主动地做出有利于企业利益最大化的决策，并构建可持续的合规组织。在应对气候变化过程中，董事会应当主动发现、讨论分析、及时反馈气候风险点。根据国内外气候信息披露制度实践经验，可能会涉及气候风险的董事会关切事项包括法律法规变动、条约和国际协定变动、企业业务风险和与企业有关的气候灾害等。[②]董事也应当主动协调和统筹各内部机构（业务部门、财务部门、法务部门等）之间气候信息披露的决策和执行权力，可以考虑设置独立董事或外部董事专门负责分析和审查气候信息合规事宜。董事会还应当了解项目合作方所在国家的气候变化合规要求，以避免在项目合作中产生气候风险识别、标准制定上的分歧。

其次，监事会负有气候信息合规监督义务。监事会审查董事会关于气候信息内容的决策不能仅以保护股东盈利为目的，还应当考

---

① 王东光：《组织法视角下的公司合规：理论基础与制度阐释——德国法上的考察及对我国的启示》，《法治研究》2021年第6期。

② 上交所在2021年发布的《上海证券交易所科创板发行上市审核业务指南第2号——常见问题的信息披露和核查要求自查表》中列举的上市核查事项包括了"发行人生产经营总体是否符合国家和地方环保法规和要求"的内容。香港联交所在2020年发布的《在ESG方面的领导角色和问责性——董事会及董事指南》中要求董事会针对"已经及可能对发生人产生影响的重大气候相关事宜"和"管理气候相关事宜的应对行动"进行强制披露。SEC在2020年出台的一份解释性条例中强调了四种可能引发气候信息披露义务的情形：第一，新颁布的温室气体法律法规；第二，条约和其他国际协定；第三，商业趋势的间接结果，如对依赖温室气体排放的货物的需求变化，或与公司业务性质有关的声誉风险变化；第四，气候变化的物理影响（包括天气恶劣、海平面上升、农田可耕性、淡水可获得性）破坏公司运营和基础设施，间接导致公司的供应量中断、保险索赔增长、交易信用风险增长的情形。参见 Nickolas M. Boecher, "SEC Interpretive Guidance for Climate-related Disclosures," *Climate Law Reporter*, Vol. 12, 2010。

虑碳链条上的消费者、商业合作者、竞争者等利益相关方的气候权益。监事会可以考虑下设气候变化专门机构（事实上已有不少企业实践了 ESG 监督委员会的治理模式[1]），从碳信息收集、整理，到风险分析、应对制度构建、影响评价，再到减碳后适应机制的实施，进行全流程监督。

三 企业气候信息合规的内外协同

企业应当及时关注气候信息合规立法动态，充分了解国际气候信息合规的信息要求，在国际项目合作中主动树立引领型合规意识，构建起中国在国际上的相关话语权。[2]

首先，企业的气候信息披露应当符合我国应对气候变化相关法律法规的规定。就信息披露标准和程序而言，有关气候信息披露标准的法律规范散见于《碳排放权交易管理办法（试行）》、《大气污染防治法》、《企业环境信息依法披露管理办法》、《深圳市绿色金融条例》、上交所和深交所发布的各企业社会责任或 ESG 披露指引以及各部委关于气候变化投融资的指导建议中。值得注意的是，这些规范几乎都缺少对气候信息范畴和披露标准的具体规定，尤其缺少强制披露责任规范、对披露内容实质性与持续性的要求和信息量化

---

① 上交所和深交所的上市公司通常在其 ESG 报告中披露 ESG 管理体系的内容，其中许多公司设置了 ESG 专门委员会来处理包括应对气候变化在内的环境事项。例如中钢国际工程技术有限公司在 2022 年 6 月的董事会会议中审核通过了构建"董事会—战略与 ESG 委员会—ESG 专项组"的三层次 ESG 管控架构组织的决议（参见《中钢国际关于 ESG 管控架构建设的公告》）；广州越秀金融控股集团股份有限公司也在决策层和管理层分别设置了战略与 ESG 委员会和 ESG 工作领导小组（参见《越秀金控 2021 年环境、社会及管治（ESG）报告》）；中国石油集团资本股份有限公司在董事会下设董事会战略与 ESG 委员会对公司 ESG 事项开展研究、分析和风险评估，提出 ESG 相关战略和目标（参见《中油资本董事会战略与 ESG 委员会议事规则》）；宁德时代新能源科技股份有限公司在董事会下设可持续发展委员会，对公司 ESG 事宜履行监察与决策权（参见《宁德时代 2021 年度环境、社会与公司治理（ESG）报告》）等。

② 杨力：《中国企业合规的风险点、变化曲线与挑战应对》，《政法论丛》2017 年第 2 期。

披露的标准。因此，企业需要根据业务需求，主动探索气候信息的量化标准。在开展海外业务和进行项目合作时，企业应当及时关注项目合作方所在国家的信息披露标准。例如美国 SEC 于 2022 年发布的《上市公司气候数据披露标准草案》对境外投资者和上市公司同样适用，一旦这一提案通过并施行，中国企业涉美合作事务将适用更严格的气候信息合规标准。

就信息披露内容而言，排放数据、环境影响评价和气候变化适应性措施是企业需关注的重要方面。根据《大气污染防治法》第二条的规定，温室气体应和颗粒物、二氧化硫、氮氧化物、挥发性有机物、氨等大气污染物一起形成协同控制体系。同时，根据生态环境部 2021 年发布的《关于加强高耗能、高排放建设项目生态环境源头防控的指导意见》，企业碳排放应被纳入环境影响评价内容，煤电能源基地、现代煤化工示范区、石化产业基地等地区的企业应开展规划环境影响跟踪评价，并适时向社会公开评价内容。而根据国家十七部门 2022 年联合发布的《战略 2035》，企业的温室气体排放及气候变化应对将被纳入环境影响评价。企业可以从"适应"措施和"减缓"措施两个层面来收集和整理气候信息。[①]"适应"措施主要包括企业制定的应对气候变化的战略与决议、企业气候变化风险评估机制和监测预警、灾害应急机制等。IPCC 第六次评估报告提出了气候变化适应措施应重点涵盖的内容，包括与水有关风险的适应措施、城乡基础服务、增强能源可靠性的措施和其他跨领域措施。[②] 企业可以参考该报告的内容进行气候适应措施信息披露。"减缓"措施主要包括企业产能结构调整决策、能效提高的措施、温室气体排放和碳汇制度等。气候减缓措施的实施情况体现了企业节能减排的效

---

① 于文轩：《绿色低碳能源促进机制的法典化呈现：一个比较法视角》，《政法论坛》2022 年第 2 期。

② 秦云、徐新武、王蕾、韩振宇、陆波：《IPCC AR6 报告关于气候变化适应措施的解读》，《气候变化研究进展》2022 年第 4 期。

率，能影响企业的长期气候收益。关注气候减缓措施相关信息，有利于企业评估自身长期应对气候风险的能力。

其次，企业气候信息合规应当考虑国际规约的信息披露标准。在国际投资和合作项目中，合作双方通常会考察对方企业在公开报告中的气候信息披露情况，并在协议中约定气候信息合规标准。我国目前缺少统一的气候信息披露标准，企业气候信息披露报告参考标准差异较大，这导致气候信息报告因企而异，而且选择性披露问题时有发生。[①] 在国际合作中，企业很可能需要按照协议的披露标准重新报告气候信息，这增加了企业的缔约成本。因此，参考国际规约的信息披露标准进行气候信息披露有利于企业降低合作成本。同时，在全球投资的大环境下，企业的气候信息披露报告与国际认可度较高的披露标准保持同步也有利于我国国际监管优势的建立。[②] 目前适用较广、认可度较高的国际规约主要有 TCFD、SASB、GRI、CDP。TCFD（Task Force on Climate-Related Financial Disclosures）系统构建的气候相关财务披露框架应用最为广泛，欧盟、英国、美国、中国香港等国家和地区构建的气候变化信息披露规范都参考了 TCFD 的内容，其中香港联交所 2021 年 11 月发布的《气候信息披露指引》基本参照了 TCFD 的信息披露框架制定。目前 TCFD 已经被全球 95 个国家和地区的 3400 余家支持机构认可，这些支持机构将基于 TCFD 建议进行气候相关风险的信息披露，其中包括中国银行、中国农业银行、中国建设银行、交通银行等 50 余家中国金融机构和企业。[③] TCFD 的信息披露指标有四个：治理、策略、风险管理和绩效指标。其要求企业为投资者提供投资前景的气候信息分析，并强调企业的风险管理。SASB（Sustainability Accounting Standards Board）构建的披露体系也具有较高的国际认可度。披露体系包括六个要素：一

---

① 吴琼：《环境相关信息披露的趋势》，《清华金融评论》2021 年第 12 期。
② 袁利平：《公司社会责任信息披露的软法构建研究》，《政法论丛》2020 年第 2 期。
③ https://www.fsb-tcfd.org/supporters/.

般披露指导、行业描述、可持续性主题及描述、可持续性会计准则、技术协议和活动度量标准。其对于气候信息的技术标注和量化标准做出了较为详细的描述。GRI（Global Reporting Initiative）是联合国环境署认可的可持续披露标准之一，也是最受各大企业青睐的可持续发展披露标准。目前最新版 GRI 关注到了煤炭行业的减碳披露并设定了相应标准。[①] 碳披露项目组织（CDP）是受投资人或项目合作方委托，向目标企业发放问卷进行气候信息付费征询的第三方组织。了解 CDP 披露审核标准有利于我国企业"走出去"时满足商业合作方的合规要求。

最后，企业应当关注国家气候变化政策动向。2022 年 5 月，国家十七部委联合印发《战略 2035》，提出"加强敏感领域和重点区域气候变化影响和风险评估。推进面向重点领域和气候敏感行业的定量化、动态化气候变化影响和风险评估。推动将温室气体排放管控及应对气候变化要求纳入环境影响评价"。[②] 环境影响评价是企业环境信息披露报告中重要的环境信息披露内容，应对气候变化要求将被纳入环境影响评价意味着企业需要在定期报告或临时报告中以真实、准确、完整的标准披露气候信息。这对企业气候风险的量化标准提出了更高的要求。同时，该战略还提示企业应从"适应"和"减缓"两个方面构建气候信息合规体系，完善企业应对气候变化的相关制度。《战略 2035》还强调"防范气候相关金融风险"，要求"分步分类建立覆盖各类金融机构和融资主体的气候和环境信息强制披露制度，推动上市公司、发债企业依法披露气候环境信息"。这要求企业尽快制定应对气候变化战略和目标以应对更严格的信息监管要求。结合《企业环境信息依法披露管理办法》的有关规定，重点行业企业和因生态环境违法行为受过处罚的上市公司可能需要承担

---

① https://www.globalreporting.org/standards/standards-development/sector-standard-for-coal/.
② 《关于印发〈国家适应气候变化战略 2035〉的通知》（环气候〔2022〕41 号）。

气候信息强制披露义务。①

结　论

随着全球气候变化不断加剧，应对气候风险、完善气候信息披露已经逐渐成为企业合规的重要内容，影响企业海外投资和国际交易合作的推进。一方面，气候信息合规有助于实现"双碳"目标。在整理和分析气候信息的过程中，企业可以明确自身气候信息合规情况，从而有针对性地制定节能减排策略和规划。另一方面，气候信息披露的绿色低碳内容体现出企业合规"软实力"，可以帮助企业获得更多国际交易合作的机会，促进企业发展。作为合规主体，企业应当从被动的规则守法者转变为主动的合规引领者，为提升我国气候信息合规标准的国际话语权贡献一份力量。为此，企业在气候信息合规体系构建过程中应重视内部组织协同，明确董事会和监事会在应对气候变化和信息披露中的主体地位，实现自我管理；同时应关注外部规范的要求，及时调整合规组织和信息披露内容，以回应立法及政策的要求。内外协同，是企业更好地实现气候合规的应有之义。

---

① 《企业环境信息依法披露管理办法》第七条、第八条。

国内外金融机构环境合规政策对标研究

龙腾飞　　吕维菊*

金融机构在提供投融资服务时，有可能因借款方行为而间接无意造成或加剧水污染、空气污染、气候变化等长期环境问题，或者造成不平等包容、社会局势紧张和侵犯人权等社会问题。通过履行企业的社会责任，金融机构可为减轻负面环境和社会影响做出贡献。

政府政策和绿色消费选择有益于中国金融机构实现可持续发展，抓住新的机遇。近年来，传统行业不断提高在可循环经济、环境保护、节能减排技术方面的投资。银行可以将环境和社会规则纳入传统金融产品中，并从中获益，避免遭受潜在损失。相反，如果银行向无法解决环境和社会问题的企业提供贷款，则可能会遭受严重声誉损失。银行也可以探索新的产品，帮助预防或应对气候变化和水资源短缺等环境问题。

建筑行业是绿色银行面临新机遇的典型案例。随着政府和公众对绿色建筑和现有建筑节能改造要求的提高，更多的人愿意为绿色产品和服务支付溢价，提高了绿色房地产项目的盈利。生态环保、电子商务、新材料和新能源应用等行业正在崛起，成为新的增长引擎，拥有可观的市场潜力。这些变化也拓展了金融机构的商业模式，

* 龙腾飞，美华环境工程（上海）有限公司总经理；吕维菊，美华环境工程（上海）有限公司国际事务部经理。

它们越来越多地通过绿色贷款、可持续发展基金、环境租赁、环境咨询和环境保险等形式提供金融服务。

目前，共建"一带一路"国家绿色融资缺口巨大，而中国在绿色金融方面的快速发展与不断创新，为中国金融机构参与"一带一路"绿色投资、弥补"一带一路"绿色资金缺口创造了有利条件。此外，伙伴国家的机构和国际金融机构可以在中国发行绿色债券，直接为绿色项目提供资金支持。中国在构建绿色金融体系、发展绿色金融市场方面所积累的经验可以为伙伴国家和地区提供借鉴，帮助其构建自身的绿色金融体系。

一　国内金融机构的环境合规标准

中国的金融机构为境外投资项目提供了重要支持，其中最大的两家是国家开发银行和中国进出口银行。国家开发银行和中国进出口银行作为具有全球竞争力的金融机构，为全球南南合作的基础设施项目提供资金支持以及长期发展性融资，为合作伙伴创造经济和社会效益。中国银行、中国工商银行等商业银行也在境外投融资项目中发挥了重大作用。商业银行的主要优势在于其广泛的海外分支网络和丰富的全球运营经验。商业银行主要使用银行信贷、国际银团贷款和发行海外债券等方式为"一带一路"项目提供资金。各大银行也逐步推出多元化的跨境金融服务，如投行业务、海外保险、金融咨询服务以及投资公司风险管理服务。商业银行主要关注交通运输、能源类基础设施、通信、建筑和贸易等领域。

（一）金融合作机制下的环境合规标准

中国的开发性金融机构、政策银行同新兴多边融资机构、中国的商业银行、传统多边融资机构以及出口信用保险公司之间通过建立合作机制、设立股权基金、开展银团贷款等合作方式，形成多元化融资架构。依托这一金融合作机制,各机构共同提出了一系列环保及可持续相关的发展方针。

2007 年 10 月,中国工商银行、兴业银行等商业银行分别加入联合国环境规划署金融行动机构,并签署《金融机构关于环境和可持续发展的声明》。该声明帮助金融服务业的成员确认可持续发展系于经济和社会发展同环境保护之间的积极相互作用,平衡近代的利益和后代的利益,并进一步确认,可持续发展是政府、商业界和个人的集体责任。金融服务业成员承诺在市场机制范畴内同这些领域朝着共同的环境目标进行合作。

2013 年底,29 家中国金融机构联合签署《中国银行业绿色信贷共同承诺》,提出加大对节能环保项目的支持力度、完善环境与社会风险分类管理、加快建立绿色信贷考核评价体系和奖惩机制。虽然该文件不具有法律效力,但为金融机构的发展方向提供了指导。

2017 年 5 月,27 个国家的财政部共同核准,18 国联合签署了《"一带一路"融资指导原则》。该原则明确阐述了基础设施对可持续发展的重要性。

2019 年 11 月 6 日,由国家开发银行和联合国开发计划署研究团队共同完成的《融合投融资规则 促进"一带一路"可持续发展——"一带一路"经济发展报告(2019)》发布,并将"可持续基础设施"定义为:"在基础设施项目计划、设计、建造、运营和退役的整个生命周期内,确保经济金融、社会环境(包括气候适应力)和机构可持续性。"以金砖国家为主导的新开发银行已将可持续基础设施作为其发展融资的主要领域。中国对外承包工程商会还为公共和私人融资的可持续基础设施以及可持续资产的规划、设计和融资制定了框架。这些框架基于以下四个支柱:经济与金融可持续性、环境可持续性与气候适应性、机构可持续性、社会可持续性。

2018 年 11 月 30 日,国家开发银行和中国工商银行等多家金融机构签署了《"一带一路"绿色投资原则》。《"一带一路"绿色投资原则》由中国金融学会绿色金融专业委员会与英国伦敦金融城牵头，联合多家机构，于 2018 年 11 月共同发起。该原则从战略、运营和创新 3 个层面提出了 7 条倡议，包括公司治理、战略制定、风险管理、对外沟通以及绿色金融工具运用等，供参与"一带一路"建设和投资的全球金融机构和企业在自愿的基础上采纳和实施。绿色、低碳、可持续发展是"一带一路"倡议的内在要求，推动"一带一路"投资绿色化是实现这一目标的重要方式。

在该原则中，原则一和原则二号召金融机构将可持续发展理念纳入企业治理的各个层次，并充分关注环境、社会和治理风险。原则三要求银行在投资决策时进行环境压力测试，并加强环境信息披露。原则五和原则六分别要求使用绿色债券和绿色资产证券等绿色金融工具，加强绿色供应链管理，推进上下游行业的"绿色化"。

"一带一路"建设投资的"绿色化"已经在众多政府和金融机构中达成了共识，截至 2019 年 3 月底，已有来自中国、英国、巴基斯坦、阿联酋等共建"一带一路"国家的近 20 家金融机构签署了《"一带一路"绿色投资原则》。

（二）国家开发银行的环境合规标准

国家开发银行是中国最大的对外投融资合作银行，其海外投融资大多数是基于市场化的商业行为。国家开发银行按照商业化、市场化原则支持中国的"走出去"战略，帮助企业在海外发展，也为外国政府和公司提供资金支持。截至 2018 年末，国家开发银行在共建"一带一路"国家的国际业务余额为 1059 亿美元，累计为 600 余个"一带一路"项目提供融资超过 1900 亿美元，累计发放"一带一路"相关贷款 185 亿美元。[1]

---

① 《2018 国家开发银行可持续发展报告》。

中非发展基金于 2007 年设立，是国家开发银行控股子公司，这是第一家中国对外股权投资基金，旨在支持中国在非洲的投资。截至 2018 年底，中非发展基金累计投资近 50 亿美元。

1. 《国家开发银行办公厅关于贯彻信贷政策和加强环境保护工作的通知》，1995 年

1995 年，国家开发银行首次制定了环境与社会政策，发布《国家开发银行办公厅关于贯彻信贷政策和加强环境保护工作的通知》。

2. 环境和社会风险管理体系，2014 年

国家开发银行于 2014 年建立了环境和社会风险管理体系，完善相关信贷政策制度和流程管理，有效识别、监测、控制业务活动中的环境和社会风险。

3. 《绿色债券框架》，2017 年

国家开发银行是中国绿色信贷第一大贷款行。国家开发银行于 2017 年提出关于绿色金融发展的办法，通过建立健全绿色目标支持体系、绿色金融产品体系、绿色金融风险管理体系、绿色金融组织保障体系，树立国家开发银行绿色企业文化。

在 2017 年国家开发银行的发债公告《绿色债券框架》中，明确了绿色债券的筛选原则：

> 符合国家政策和要求。绿色项目应符合国内相关监管要求及技术标准，符合国内及相关行业保密要求，密切结合我国经济发展阶段、产业政策及环境保护政策要求；
>
> 符合国际绿色债券标准和惯例。绿色项目的筛选应充分考虑国际准则和市场惯例，所选项目应具有显著、可量化的环境效益；在申请气候债券时，需要满足气候债券标准（Climate Bonds Standard，CBS）下行业标准里的指定行业和技术标准；
>
> 符合国家开发银行的相关制度。绿色项目的评估筛选应符合国家开发银行现行的绿色信贷项目评审和授信管理政策，符

合行内相关保密要求。

(三) 中国进出口银行的环境合规标准

中国进出口银行是中国的国有政策银行，负责向外国政府、中国企业提供优惠贷款。民间投资者的能力往往有限，优惠贷款是大型基础设施项目的重要融资来源。中国进出口银行还提供以商业利率为基准的出口买方和卖方信贷、非优惠贷款和信贷额度，以及海外投资贷款和混合融资等方案。中国进出口银行的支持领域主要包括外经贸发展和跨境投资，"一带一路"建设、国际产能和装备制造合作，科技、文化以及中小企业"走出去"和开放型经济建设等。截至 2019 年 4 月，中国进出口银行支持"一带一路"建设项目超过1800 个，贷款余额超过 1 万亿元人民币。中国进出口银行发起成立了中非产能合作基金，这也是一家中国对非洲的投资基金。

中国进出口银行在总行设立一个专门的部门，为外国政府和国际金融机构提供低碳转贷款服务。目前，中国进出口银行已经形成了服务节能环保领域的新能源贷款的初步架构。2007 年，中国进出口银行确立了"鼓励绿色信贷业务发展并主动控制授信业务环境与社会风险"，并出台贷款项目环境与社会评价指导意见，将环境信息作为贷款审批的必要条件。2007 年 8 月 28 日，制定《中国进出口银行贷款项目环境与社会评价指导意见》。2015 年制定绿色信贷指引，从组织管理、政策制度、流程管理、内控管理和信息披露等方面，对加强信贷项目的环境和社会风险管理提出要求。同时，制定并完善多个行业的授信指导文件，通过差异化、动态的信贷政策，引导高耗能高污染企业节能减排、转型升级。建立绿色信贷标识统计制度，以提高绿色信贷业务的管理能力。[①]

---

① 《绿色金融》，中国进出口银行网站，2018 年 7 月 10 日，http://www.eximbank.gov.cn/responsibility/greenfin/201807/t20180710_5596.html。

（四） 中国银行的环境合规标准

为响应"一带一路"倡议，中国银行提出了"'一带一路'金融大动脉"计划。目前，中国银行对"一带一路"倡议的金融服务模式包括信贷、海外债券、海外保险以及与其他金融机构的双边或多边合作。

中国银行遵循绿色发展战略，例如将信贷资源倾斜支持绿色产业和企业，以污染治理、清洁能源、绿色交通、供水节水等产业为投入重点，加大支持绿色产业项目。近年来，中国银行绿色信贷业务得到快速发展，绿色信贷规模持续扩大。各国家和地区分行根据该战略将环保因素融入银行政策，推动绿色金融，履行社会责任。例如中银香港在提供融资服务时，会优先考虑在社会和环境方面具备可持续性的项目，除支持与绿色融资需求相关的企业外，向发展新能源、绿色交通，以及水电项目的企业提供贷款，以支持环保及社区发展。[1]

中国银行持续完善绿色金融政策制度体系，通过制定《中国银行股份有限公司支持节能减排信贷指引》《碳金融及绿色信贷指导意见》等多项绿色金融政策，大力发展低碳金融和绿色信贷。

2019 年 4 月 25 日，"一带一路"国际合作高峰论坛资金融通分论坛举行期间，中国银行签署了《"一带一路"绿色投资原则》，将绿色发展理念融入"一带一路"金融大动脉建设。该原则旨在提升"一带一路"投资环境与社会风险管理水平，推动"一带一路"投资绿色化。[2]

制定《中国银行绿色金融发展规划》，完善组织架构，在执行委

---

[1] 《推动绿色金融优先支持环保项目》，中国银行网站，2018 年 4 月 28 日，https://www.bankofchina.com/aboutboc/ab8/201804/t20180428_12118260.html.

[2] 《中国银行股份有限公司 2019 年度社会责任报告》，https://pic.bankofchina.com/bocappd/report/202003/P020200327593784296950.pdf.

员会下设立绿色金融管理委员会，持续推动绿色金融工作。

中国银行持续更新发布《行业信贷投向指引》，并基于此强化环境与社会风险管理，加大对生态治理、环境保护、清洁能源、绿色交通、供水节水等绿色产业的支持力度，对未通过能源技术评价、环境影响评价审查的项目，不提供任何形式的新增授信支持，严格限制污染性投资。

（五）中国工商银行的环境合规标准

2007 年，中国工商银行发布《关于推进"绿色信贷"建设的意见》，是国内率先推动绿色信贷的银行。

2009 年以来，结合国家产业和环保政策导向，积极培育绿色信贷市场，中国工商银行先后制定下发了《节能领域信贷指导意见》《关于信贷支持先进制造业重点领域的意见》，引导全行积极培育节能减排、循环经济等绿色新兴信贷市场，取得良好成效。

2011 年，中国工商银行正式向全行下发了《绿色信贷建设实施纲要》，明确将推进绿色信贷作为该行长期坚持的重要战略之一。该纲要明确了基本目标和原则，并针对信贷文化、分类管理、政策体系、流程管理、产品和服务创新及评估机制提出了具体要求。该纲要进一步明确了绿色信贷的基本原则，并在贷款的审批环节严格执行"环保一票否决制"。

2014 年，在融合借鉴赤道原则和 IFC 绩效标准与指南的基础上，中国工商银行印发了《绿色信贷分类管理办法》，按照贷款对环境的影响程度，将全行境内公司贷款客户和项目分为四级十二类，并将其嵌入行内资产管理系统，实现了对客户环境与社会风险的科学量化管理。

2018 年，中国工商银行印发《关于全面加强绿色金融建设的意见》，该意见明确了加强绿色金融建设的工作主线及具体措施，包括持续推进投融资结构绿色调整、切实加强投融资环境与社会风险管理、积极开展绿色金融创新、全面提升自身表现、认真落实监管要求、加强绿色金融组织保障及日常管理等七大工作主线及 25 条具体措施。

2018 年，中国工商银行印发《关于环保督察及环保政策调整涉及融资的风险提示》，要求各行提高重点行业、重点区域客户环保标准，严格执行"环保一票否决制"，严守环境和社会风险合规底线，加强高风险客户投融资风险管控。

中国工商银行积极贯彻和落实国家三大支撑带战略规划，制定和印发了"一带一路"信贷指导意见，其中将清洁能源、绿色交通、节能环保等绿色产业作为融资支持的重点领域，指导全行抓住战略机遇，多方培育新的信贷增长点，实现信贷业务健康和可持续发展。印发《"走出去"跨境融资业务风险管理办法》，对于"一带一路"和"走出去"业务，要求相关境外机构遵循当地政策法规、监管要求与国际惯例，加强环境和社会风险管理。

中国工商银行严格落实绿色信贷全流程管理，按照环境与社会风险合规要求，根据客户或项目特点，确定各环节规定动作及关注要点，加强投融资环境与社会风险全流程管理。

二　主要国际金融机构环境框架汇总

从 20 世纪 70 年代世界银行在其环境与社会政策中首次提出可持续投融资理念以来，人们逐步意识到了环境可持续对项目绩效的重要性，并促使更多国际金融机构转向采取环境可持续的投融资行为。国际金融机构的环境与社会框架或保障政策是缓解甚至避免负面社会和环境影响的有效工具，帮助项目在开发过程中分析潜在风险及其所带来的影响，并通过采取一系列风险管理措施达到最优化项目成果。各个国际金融机构环境与社会框架主要目标的汇总见表 1。

表 1 环境和社会框架的主要目标

政策	主要目标
世界银行：环境与社会框架（2018）	1. 在发展过程中预防和减轻对人员及其环境的不必要伤害 2. 管理环境与社会风险作为世界银行的国际基本准则
亚洲开发银行：保障政策声明（2009）	1. 尽可能避免项目给环境与受影响人群带来的负面影响。当负面影响不可避免时，尽量减轻、缓解和/或赔偿此类负面影响 2. 为借款方或客户建立保障体系，提高抵抗环境与社会风险的能力
亚洲基础设施投资银行：环境与社会框架（2016）	1. 在项目中反映银行应对环境和社会风险与影响的机构目标 2. 支持整合并提供机制，以解决银行及其客户在立项、项目准备和实施过程中的环境和社会风险及影响 3. 为公众咨询、环境和社会信息披露提供框架 4. 通过提高发展效率和影响力，提高实际效果 5. 通过银行的项目融资，支持客户履行国家环境与社会立法规定的相关义务
泛美开发银行：环境与社会政策框架（2020）	1. 定义 IDB 和贷款者管理环境与社会风险的责任 2. 建立清晰的环境与社会框架以帮助贷款者设计、实施和管理 IDB 资助的项目 3. 要求贷款者运用缓解层次的方法以应对项目可能给工人、社区和环境带来的负面影响 4. 要求并提供手段以帮助贷款者与受项目影响的利益相关方开展交流与磋商 5. 建立一套促进 IDB 与其他机构间的技术和金融合作的实际操作方法
欧洲复兴开发银行：环境与社会政策（2019）	1. 概述 EBRD 如何评估与监测项目的环境与社会风险和影响 2. 设立 EBRD 资助项目管理环境与社会风险和影响的最低标准 3. 帮助 EBRD 设立一个推广高环境与社会效益项目的战略性目标 4. 确立 EBRD 和客户在项目设计、实施和运营过程中的责任

续表

政策	主要目标
非洲开发银行：非环境政策（2004）	在经济发展政策中结合社会和环境问题，在项目早期的识别和规划阶段就将项目负面的外部性进行"内部化"，并促进项目正面的外部性。政策的总体目标包括：（1）通过支持环境可持续发展道路来改善非洲人民的生活；（2）维护和促进非洲大陆的生态资本和生命支持系统

资料来源：国际金融机构政策文件。

三　中国和国际金融机构环境合规政策的对比

国际金融机构会关注和总结其他机构的规则，借鉴国际公认的最优实践，定期更新和总结自身的环境与社会框架或保障政策，这也导致多数机构的政策关注点以及流程具有很高的相似性。然而受制于不同机构的目标、项目特点和开展业务地区的实际情况，各个机构的政策也有一些差异，表 2 汇总了世界银行集团（WBG）、亚洲开发银行（ADB）、亚洲基础设施投资银行（AIIB）、美洲开发银行（IDB）、欧洲复兴开发银行（EBRD）和非洲开发银行（AfDB）在环境政策方面的差异，并在各个具体指标上与我国现行法律进行了对比。

表 2　主要国际金融机构及我国环境政策对比

环境标准	指标	WBG	ADB	AIIB	IDB	EBRD	AfDB	中国
环境风险与影响的评价与管理	环境评估	√	√	√	√	√	√	《环境影响评价法》
	使用借贷方环境和社会框架	√	√	√	√	—	√	《绿色信贷指引》

续表

环境标准	指标	WBG	ADB	AIIB	IDB	EBRD	AfDB	中国
环境风险与影响的评价与管理	风险分级	√	√	√	√	√	√	《建设项目环境影响评价分类管理名录》
	环境和社会承诺计划	√	√	√	√	√	√	—
	项目监测及报告	√	√	√	√	√	√	《建设项目环境保护管理条例》
	利益相关方参与及信息披露	√	√	√	√	√	√	《企业事业单位环境信息公开办法》《环境影响评价公众参与办法》
	具体分解环境社会评估和环境社会承诺计划	√	√	√	√	√	√	—
	机构能力和承诺	√	√	√	√	√	√	
	供应链管理	√	—	—	√	√	√	
	应急准备	√	—	√	√	√	√	《国家突发环境事件应急预案》
资源效率与污染预防和管理	资源效率	√	√	√	√	√	√	《森林法》《水法》《循环经济促进法》《节约能源法》
	区分水、能源、原材料资源效率	√	—	√	√	√	√	《水法》《循环经济促进法》《节约能源法》
	污染预防和管理	√	√	√	√	√	√	《环境保护法》
	空气污染管理	√	—	√	√	√	√	《大气污染防治法》

续表

环境标准	指标	WBG	ADB	AIIB	IDB	EBRD	AfDB	中国
资源效率与污染预防和管理	有害及无害废品管理	√	√	√	√	√	√	《固体废物污染环境防治法》
	化学品和有毒材料管理	√	√	√	√	√	√	《危险化学品安全管理条例》《中国严格限制的有毒化学品名录》《危险化学品目录》
	杀虫剂管理	√	√	√	√	√	√	《农药管理条例》
	噪声管理	—	—	√	—	—	—	《环境噪声污染防治法》
生物多样性保护和生物自然资源的可持续管理	对生物多样性影响	√	√	√	√	√	√	《野生动物保护法》《森林法》
	法律保护区域	√	√	√	√	√	√	《自然保护区条例》
	区分重要、自然和改良栖息地	√	√	√	√	√	√	—
	外部物种引入	√	√	√	√	√	√	《环境保护法》《农业法》《进出境动植物检疫法》《草原法》《野生动物保护法》《森林法》《渔业法》
	管理生物和自然资源	√	√	√	√	√	√	《森林法》《海洋环境保护法》《野生动物保护法》《草原法》
	不得进行不必要的土地清理	√	√	√	√	√	—	《土地管理法》
	可持续性主要供应商	√	—	—	√	√	√	—

续表

环境标准	指标	WBG	ADB	AIIB	IDB	EBRD	AfDB	中国
生物多样性保护和生物自然资源的可持续管理	区分渔业、林业、养殖业等	√	—	—	√	√	√	《森林法》《渔业法》《动物防疫法》
	转基因生物	—	—	—	—	√	—	《农业转基因生物安全管理条例》
利益相关方参与和信息公开	利益相关方识别及分析	√	—	√	√	√	—	—
	利益相关方参与计划	√	—	√	√	√	—	—
	信息披露	√	√	√	√	√	√	《环境保护法》《企业事业单位环境信息公开办法》
	有意义的征求意见	√	√	√	√	√	√	《环境保护法》
	项目执行的外部沟通	√	√	√	√	√	√	—
	组织能力和承诺	√	—	√	√	—	—	—
	申诉机制	√	√	√	√	√	√	—
	第三方绩效	—	√	√	√	√	—	—

资料来源：国际金融机构政策文件。

四 中国和国际金融机构环境合规对标的启示

在投资方面，中国的银行越来越重视环保、土地、职业健康、安全等带来的环境和社会风险，有效防范风险升级为与当地利益相关方的冲突和摩擦。但与其他国家一样，中国企业和银行在评估不同政治、经济、文化和法律环境，以及东道国独特的商业、社会和环境风险时，都会面临一些挑战。通过本文的对比可以看出，我国法律及金融机构在以下几个方面与国际金融机构尚存在差距。

（一）环境管理体系合规要求

金融机构往往要求借款方建立一个合理有效的管理体系以保证对项目环境风险的管控。以世界银行为例，在项目进行了环境影响的评价之后，世界银行要求借款方制定和实施《环境和社会承诺计划》，精确概述避免、最小化、减少或缓解项目潜在环境和社会风险与影响的具体措施和行动，明确每项行动的完成日期，并向世界银行定期报告实施情况。而我国仅在环境影响评价报告中提出控制污染排放的措施并在项目试运营时进行核验，并未有类似于承诺计划的举措来监督项目在环境方面的持续改善。对于机构能力，IFC 要求明确实施环境管理体系的组织架构，并提供相应的管理支持和人力财力资源，确保相应人员具有所需的知识、技能和经验，而我国无相关法律规定。

（二）利益相关方参与合规要求

在利益相关方的参与和信息披露方面，我国并未要求项目识别项目周期中存在的利益相关方，也未要求编制具体的利益相关方参与计划。在项目实施阶段，我国法律并未要求项目定期向相关方报告实施情况，也并不强制要求项目建立相应的申诉机制，而这些规定在金融机构的政策中均有相应的要求。部分金融机构提出了供应链管理的要求，在劳工以及生态的标准中纳入对供应链的管理。我国目前已在《国务院办公厅关于积极推进供应链创新与应用的指导意见》中提出绿色供应链的概念，但尚无针对企业的法规或细则。

（三）环境合规性的监管力度

以上分析仅局限于政策覆盖面的分析，对于部分指标，尽管我国已有法律涵盖，但我国法规在具体的要求以及约束力度上也存在不及国际金融机构的情况。例如对于环境影响的控制，我国法律仅要求项目采取合理的措施使环境影响降至相应的标准，而世界银行等国际金融机构则通过其政策督促尽可能避免项目给环境带来的负面影响，当负面影响不可避免时，尽量减轻、缓解此类负面影响。在征求意见方面，我国仅在编制环评报告时开展意见的征求，往往以网站公示的形式呈现，国际金融机构则要求借款方在项目实施的各个阶段开展意见征求，形式包括与受影响社区开展磋商等，且对征求意见的实施方法提出了更为具体的要求。对于具体政策的差距，请查阅相应机构的政策文件。

（四）环境合规标准的明确性

国际金融机构，特别是私营企业金融机构主要遵守赤道原则，其涉及环保的技术导则遵守的是国际金融公司 IFC 的绩效标准中八个方面的规定，此外还针对各个行业有定性和定量的指标，因此其标准的制定包含了面上的管理上的要求，也包含了点上的针对具体行业具体问题的研究。其标准更加明确和严格，有助于标准的实施，以及金融机构对借款人环保实践的监督和检查。反观国内金融公司，其标准更多是框架式和流程式的，也具有一定的指导意义，但是相比之下标准并不十分明确，对实践的指导意义较弱。

（五）环境合规标准的应用范围

国际金融公司对环保的认识已经达成一致，因此不同的金融公司虽然有自己的环保政策，但其根本性的要求都保持一致，且大多数都遵照国际金融公司的标准，以其为指导原则。而国内的金融机构并未对境外项目投融资的环保标准达成一致，也未形成一套书面的得到大部分国内金融机构认可的标准。比如，需要对冲突风险进行更深入的分析，尤其是已经存在严重社会问题或种族、部落摩擦的地区。需要深入理解社会和安全局势，在此基础上，对冲突敏感型项目进行设计与安排。

（六）环境合规标准制定的理念

国际金融公司的环保标准从本质上是可持续绩效标准，其制定的初衷不仅仅是关注环保问题，还将社会问题融入环境问题中，将二者放在同等重要的位置加以处理。因此其标准中对社会的部分强调很多，特别是在人权、劳工管理、原住民、征地拆迁等问题上，其标准严格，技术导则明确。而国内的金融公司在社会方面的覆盖较少。

（七）政策性银行发挥作用的程度

中国政策性银行的环境社会政策自制定以来不断完善，已形成一套切实可行的程序和规范，但其环境政策与国际金融机构仍有一定的区别。一是在机构设置方面，国际金融机构往往设有环境社会部门，而中国政策性银行尚未单独建立类似部门；二是在政策内容方面，国际金融机构制定了更为独立、严格的环境政策，而我国政策性银行主要依据项目所在国的法规开展评估和审批；三是在信息公开制度方面，国际金融机构对项目的信息有更高的透明度要求。

结　语

中国金融机构融合投融资规则不仅会带来环境和社会利益，也有助于实现可持续发展。规则的设立将有效降低贷款成为不良贷款的可能性。这些规则正逐渐引起中国和"一带一路"伙伴国家的重视，在中资银行进入外国市场、投资境外项目和公司时合理运用ESG合规规则，使其成为管理和降低声誉风险的有效工具。

海外中资企业回馈当地社会的
成效与影响分析

李　伟[*]

新中国成立后，仍然十分落后的中国对其他众多发展中国家进行了大量的各类形式援助，在世界上树立了良好的中国形象。改革开放后，随着中国国力的不断增强，一方面中国对外援助的力度不断加大，另一方面中国"走出去"的企业也越来越多地造福当地社会。在"一带一路"倡仪的"共商、共建、共享"理念得到越来越多国家认可、接纳和参与其中的同时，"走出去"中资企业回馈当地社会既是企业合规建设的重要内容，也日益成为"构建人类命运共同体"的重要组成部分。因此，海外中资企业如何能站在更高的高度上履行社会责任、回馈当地社会，就成为做大做强企业的一个重大课题。

一　中资企业海外发展状况概述

1978 年 11 月，国务院批准《关于拟开展对外承包建筑工程的报告》之后，组建中国建筑工程公司、中国公路桥梁工程公司、中

---

　* 李伟，北京中坤鼎昊国际安全科学技术研究院院长，中国现代国际关系研究院原院长特别助理。

国土木工程公司和中国成套设备出口公司首批四家窗口型公司，以海外劳务派遣或低端工程承包的形式，拉开了中资企业"走出去"的大幕。

2003 年开始，各大型工程类央国企、各省市国际经济合作公司不断涌现，中资企业正式进入国际工程承包市场，并且逐步形成"对外非金融类投资"、"对外承包工程"和"对外劳务合作"三大"走出去"业务类型。

截至 2021 年末，境外中资企业共计 4.56 万家，境外资产 8.54 万亿美元。其中累计对外投资 2.58 万亿美元，累计对外承包工程金额超过 2 万亿美元，累计对外劳务合作派出 1200 万人。2022 年 1~6 月，中国境内投资者对全球 157 个国家和地区的 3878 家境外企业进行了非金融类直接投资，累计投资 540 亿美元，同比增长 0.6%；对外承包工程业务完成营业额超 700 亿美元，同比增长 4%；随着"走出去"中资企业属地化程度越来越高，对外劳务合作派出各类劳务人员 14 万人，较上年同期减少 4.5 万人，期末在外人员 56.3 万人。

随着"一带一路"建设的快速推进，中资企业"走出去"正在从低端输出向高端制造发展，对企业专业化、国际化、合规化的要求也呈现逐步提高的态势。

二　中资企业海外合规经营三层级

中资企业海外经营面临的合规风险大致可以分为三个层级。

第一个层级是法律层面的合规，包括且不限于：相关行业领域所适用的国际条例和行业规范，项目所在国的公司法、投资法以及税务、用工、环境保护等相关法律规定，以及中国相关法律法规。

第二个层级是约定俗成的合规，包括：当地民众宗教信仰、风俗禁忌、当地居民对资源分享和环境保护的需求，以及西方非政府组织干预，等等。

第三个层级是社区关系的合规，也是本文重点要阐述的企业如何处理好当地社区的民众关系，就是我们常说的企业在当地应当履行的社会责任。由于在此领域没有标准可依，企业在该工作环节往往出现漏洞，继而产生连锁反应，最终发酵成各类群体性或安全事件，给项目的生产经营造成不必要的损失。

三　中资企业海外履行社会责任的良好实践

回馈当地社会不单纯是一种企业行为，也是一种国家行为。国家行为既包括国家直接援助，也包括国家通过企业来进行援助，诸如援建、援助一些大型工程项目，派遣医疗队等，实际上也属于回馈当地社会的做法。企业根据自身的作业特点，力所能及地回馈当地社会，帮助当地解决一些实际的问题，产生好的影响，企业在当地不是通过纯粹的语言上的宣传来树立自身形象，而是通过为当地的社会、民众实打实地提供一些服务及帮助来提升自身形象。

例如 2022 年 8 月 2 日多哥《多哥新闻报》头版刊登题为《中国和多哥五十年的合作：中国对多哥提供形式多样的支持》的文章，回顾中多建交五十年来两国在卫生领域的合作成果。自 1974 年中方向多哥派遣第一批中国医疗队以来，中国先后派出 25 批医疗队开展医疗援助，涵盖外科、内科、创伤科、放射科、妇产科、麻醉科、中医等方面。仅 2022 年 4 月派往的第 25 批医疗队就接待门诊和急诊患者 560 余人，救治危重患者 12 人，完成手术近百例。中国还为多哥援建了洛美地区中心医院，并作为新冠肺炎患者定点治疗医院。中国政府同时还向多哥捐赠多批新冠防治药物、新冠肺炎检测仪器、防疫物资和新冠病毒疫苗。这些举措不但为多哥防控新冠肺炎疫情提供了大力的支持，还为其医疗基础设施建设，以及双方在疟疾、糖尿病、高血压等疾病治疗领域的合作谱写了新的篇章，用实际行动提升国家公共卫生管理水平，为该国民众的健康提供切实的帮助，同时也为中资企业赢得了在该国政府和民众间的良好声誉。

再例如中国出资金和技术帮巴基斯坦建设的瓜达尔港，被誉为中巴两国友谊新的里程碑。地处巴基斯坦俾路支省的瓜达尔港在整个南亚地区有着重要的战略地位。在此之前，巴基斯坦只有卡拉奇和卡西姆两个港口。20 世纪 60 年代，巴基斯坦政府就已有开发建设瓜达尔港的打算，但因为各种因素掣肘，加上财力有限，瓜达尔港的建设问题一直悬而未决。直至 2002 年，得益于中方的援助与优惠贷款，一期建设工程才正式启动。2005 年瓜达尔港一期工程竣工并投入运营。2012 年 9 月 1 日，巴基斯坦政府将瓜达尔港的控股权交给中国企业。2015 年，中国港控公司正式接手瓜达尔港的全面运营，升级电力、供油、海水淡化和污水处理系统，新增了 5 台集装箱桥吊，新建了 10 万平方米堆场，增添了最先进的集装箱扫描设备。按照建设规划，瓜达尔港全部完工后，其人口将会从原先的 20 万，增加到 200 万。瓜达尔港作为距阿富汗、乌兹别克斯坦、塔吉克斯坦等中亚内陆国家最近的出海口，每年港口货物吞吐量将达到 3 亿~4 亿吨，几乎为卡拉奇的十倍。在推进基础设施建设和增加经济收入的同时，中国公司在当地积极履行社会责任，增加就业、热心公益、捐资助学、改善医疗卫生条件等，得到了当地民众的肯定，在获取投资收益的同时，更收获了当地民心。

由此可见，不论是从国家层面还是从企业层面来看，企业都是落实社会责任、回馈当地社会的践行者，良好的社会责任实践有助于树立中国在国际社会的形象，使中国获得国际社会认可，也有利于"走出去"企业讲好"一带一路"故事，更好地开拓海外市场。

四 中资企业在履行海外社会责任方面存在的不足

中资企业在海外回馈当地社会过程中也面临一些问题，出现问题的主要原因有以下三点：一是海外中资企业本身并非从事国际关系、公共外交及公共传媒的专业人员，缺乏专业度和整体的规划；二是企业往往注重执行国务院国资委、商务部、国家国际发展合作署等相关部委的项目，更注重的是项目本身，而缺少对项目更深层次、更深远、更广阔的理解；三是海外项目负责人个人发展意识和综合能力不足制约了其眼界和行为方式，很难全面思考工程项目造福当地民众的辐射作用。

例如，我国政府在非洲多国援建了 100 家以上医疗机构，其中不乏等同于国内二甲级以上的综合性医院，建设等级、工程质量、配置要求都达到很高的水平，交付时也得到政府领导、新闻媒体和当地民众的一致盛赞。

然而医疗机构移交后项目似乎也就此终止，医疗器材的配置和中国制造设备的输出没有匹配，当地医生的培养和中国政府给予发展中国家留学生的优厚政策没有充分融合，中国完善的医院管理体系和对海外医院管理的指导没有形成长期可持续性的维护关系，建成的医疗机构缺少整合，难以形成中资企业在海外有效的医疗救援网络支撑。

以上原因导致我国建设的医院移交后并没有得到有效的运行，而韩国、日本等国家的医疗管理机构却乘此机会用低廉的成本承接了医院的运营管理权。医院的门前挂的是日本或韩国的国旗、国徽，当地居民乃至当地的中资公司都认为它们是日本或韩国的医院；我国的员工生病或遭遇工伤事故，还要付出高昂的费用到"他们的医院"享受低水平医疗保障。

与中国政府援建医院情况类似，中资企业为当地社区免费建设的学校也面临以上问题。我国企业为打造良好的社区关系，惠及当地居民，免费为当地儿童建设学校。而日本企业向学校捐赠课桌，并且在课桌上贴上日本国旗，聘请当地老师并承担老师费用，当地人便认同是日本企业建设了学校，接受日本文化思想的传播和植入。

以上情况在国家的众多援建项目和企业回馈当地社区的工作中

时有发生，给我们的启示是：有些时候我们即便花了大钱、做了很多事，也未必能达到预期效果。因此需要国家有关部委能将海外援建工作系统化，使其与国家外交、行业发展、技术输出、标准输出、文化输出以及海外中资企业安全保障体系建设相融合。

再如我们有些海外中资企业，由于负责人在项目执行过程中延续国内经营管理方式，只注重生产进度管理和生产安全管理，缺乏国际化思维和本土化思维，忽视对非传统风险、合规风险和当地社会环境风险的预防，最终引发群体性事件和安全事件，造成重大的经济损失、声誉损失和人员伤亡。

再以海外新冠肺炎疫情防控为例进行说明。众所周知，在新冠病毒全球大流行期间，国内诸多部门都制定了疫情防控措施，并且要求海外的中资公司也要采取同样的管理措施。然而国内外防控的最大差别在于：国内是全国一盘棋，网格化封闭管理、核酸检测、疫苗接种、方舱医院、定点医院，完全是统一部署、法定程序；而在国外则受所在国医疗资源不足、疫苗和药品不足、专业化防疫水平不足、所在国强制措施不足等客观因素影响以及所在国防控政策、地方宗教习俗、民众配合意愿等主观因素影响，整体社会面疫情难以控制，并且中方和外方员工很难执行统一的防控要求。

做得好的企业，既能遵守国内企业总部的总体防控原则，又不失应对当地员工疫情防控的灵活性。一方面将中方员工和外方员工区分开，实现网格化管理，中方员工坚决按照国内的防疫规定执行；外方员工则结合所在国疫情防控实际情况，做好思想动员工作和疫情防控专业培训，为员工、家属、社区和当地政府提供防疫指导、核酸检测、疫苗和医疗指导，建立联防联控机制。这些举措能够被当地社会和民众认同并配合执行。另一方面立足传染病防控，从切断传染源、阻断传播途径、保护易感人群三项基本理论出发，把握各环节关键点，合理应用和储备防疫物资。最终在做好项目自有员工防疫的前提下，还为周边社区和当地政府提供了有力的支持，赢得了企业声誉，取得了良好的社会成效。

然而我们也能看到，有些企业只是简单照搬国内的防控要求，没有考虑当地民众对疫情的认知程度和配合态度，缺少与当地员工的沟通。原本是出于防疫规定，不让外出的外方员工直接进入工作营地，但由于事先缺少管理规定宣贯、事中缺少有效沟通，外方员工误以为其已经被开除，从而产生劳务纠纷。尽管在当地政府的协调下，双方最终达成和解协议，但企业也为此遭受经济损失和声誉损失，同时也给其他中资公司在该地区和该国家民众心中的信誉造成不良影响。

五　从战略高度认识履行社会责任的合规管理

如何能够把履行社会责任作为企业合规管理的重要组成部分，把回馈当地社会做得更扎实，更接地气，更能够符合互惠、互利、共赢的大趋势，已成为"走出去"中资企业做大做强的一个关键环节。

首先，中资公司在海外经营发展，应当遵循国家主席习近平提出的"构建人类命运共同体"，各国相互依存、休戚与共的外交理念，即以文化相融、民心相通为基础，坚持道路自信、理论自信、制度自信、文化自信。同时把握五个核心内涵：一是坚持对话协商，建设一个持久和平的世界；二是坚持共建共享，建设一个普遍安全的世界；三是坚持合作共赢，建设一个共同繁荣的世界；四是坚持交流互鉴，建设一个开放包容的世界；五是坚持绿色低碳，建设一个清洁美丽的世界。

中资企业在发展海外事业的同时，一定要从国家战略高度理解企业海外履行社会责任的意义。西方国家用了 200 多年时间，从对外的军事侵略，到后期的经济占领，再到之后的文化控制，长期以来影响了很多国家的政治体制、经济命脉和舆论导向。而中国在推进世界安全和平的倡导下，仅仅考虑业务和经济增长，难以应对西方对"一带一路"建设的全方位打压和围堵。因此，融通民心、造福社会、回馈地方，才是取得国际社会认同、赢得当地民心、赢取国际舆论话语权的必由之路。

其次，中资公司要加强对海外项目负责人的综合能力培养，不但考量其专业技术能力、组织管理能力，还要对其进行企业合规管理培训、非传统社会安全培训、社会环境 ESG 培训、宗教习俗培训等，要求能够结合当地国情，有针对性地制定企业社会责任实施方案，匹配相应的资金和人力，并将企业社会责任履行的情况和效果纳入其工作绩效和考核测评。

任何好的战略和策略的落实关键在于人，尤其是央国企单位的海外项目负责人，不但要完成业务，更要贯彻中央思想，讲好"一带一路"故事，用中国改革开放以来所取得的成就和发展经验，帮助发展中国家实现政治稳定、经济增长、社会进步和技术突破。在提升自身国际化管理水平的同时，逐步实现企业本土化，促进当地就业、引导当地产业经济发展，以利他之心利己，实现共同富裕、共同发展，真正实现命运共同体。

最后，做好对当地社会的贡献，不仅是停留在方案的制定和简单的执行上，而是要充分考虑其可持续性，要不断了解当地社区环境变化，了解民众需求，从大处着眼、小处着手，投入大的面子或形象工程未必就能获得民心，往往日常小事更能贴近民众感情。

从执行层面看，同属亚洲的日本企业的有些做法值得借鉴和学习。比如日本在某国家的一个工程企业，每个月都要派专人到周边的村庄走访了解需求。谁家玻璃坏了，量好尺寸、登记造册之后，很快派工程人员上门安装，类似的事情每个月都有；实在没事可干了，就在两个村之间建一座不到十米长的小石桥，每个月干一点，用时 9 年终于建成，桥头竖立一块碑，写着"日本桥"。"日本桥"的通行，了却了当地民众的一桩心愿。

　　所以，中资企业在为当地民众做具体工作的过程中，要更多地结合当地人的习惯和风俗，多想适合的方法。例如，巴基斯坦遭遇洪灾，某中资民营企业给当地居民赠送了 200 袋大米，民众们扛着大米感谢中国。危难之中见真情，急人所急、想人所想，小投入、大产出，可能是我们将来工作的理念之一。

结　语

　　当前世界正处于百年未有之大变局，中国正在一步一步地走向世界舞台中心，"一带一路"建设用真诚带动发展中国家不断崛起。"走出去"的中资企业，肩负着历史使命，只有回馈当地社会、造福当地民众、切实讲好中国故事、树立良好中国形象，才能真正为中华民族的伟大复兴贡献更大力量。

ESG 合规中的人权合规

韩　斌[*]

在经济全球化的背景和中国一系列对外开放政策的推动下，作为"走出去"战略和"一带一路"倡议的实践者，越来越多中国企业在海外开展业务。中国企业海外投资在促进东道国经济发展和社区就业等方面做出了巨大的贡献。按照国际标准落实 ESG 要求，加强依法合规建设，已成为企业海外业务高质量发展的必然选择和要求。部分赴境外投资企业对国际人权标准不了解、不重视，在日常运营中出现人权标准不合规情况，将面临很大法律风险，造成企业经营面临阻碍，甚至导致投资失败。

时代在发展，人权在进步。我国的社会主义人权事业奉行人民至上的人权理念，把生存权、发展权作为首要的基本人权，协调增进全体人民的经济、政治、社会、文化、环境权利，努力维护社会公平正义，促进人的全面发展。"尊重和保障人权"原则已经载入《中华人民共和国宪法》和《中国共产党章程》，这是我国人权事业进步标志性的体现。在构建人类命运共同体的今天，海外运营更要重视人权合规。

* 韩斌，中国企业联合会咨询与培训中心副主任，全球契约中国网络前执行秘书长。

一 尊重人权是 ESG 提出和发展中的重要内容

2005 年初，联合国时任秘书长科菲·安南邀请了世界上最大的一批机构投资者加入制定负责任投资原则（UNPRI）的过程。来自 12 个国家的 20 个机构投资者的个人代表组成了一个涉及多个利益相关方的专家团体。一方面，当时越来越多的机构投资者认为，环境、社会和企业治理（ESG）问题会影响投资组合的表现；另一方面，制定过程由联合国环境规划署融资倡议（UNEPFI）和联合国全球契约组织（UNGC）协调。联合国环境规划署作为联合国统筹全世界环保工作的组织于 1972 年成立，主要任务是激发、提倡、教育和促进全球资源的合理利用并推动全球环境的可持续发展。联合国全球契约组织是推进企业履行社会责任和可持续发展的机构，倡导企业应基于原则开展经营活动，这些原则包括人权、劳工标准、环境和反腐败四个领域的十项原则。因此，负责任投资原则在制定之初就已经决定了其必然以 ESG 为核心的结果，而社会领域的核心必然围绕人权展开。

2006 年 UNPRI 首次正式提出 ESG 理念和框架。该原则强调机构投资者有责任使投资受益人获得最好的长期收益，ESG 因素会影响投资组合的回报且原则的应用能够将投资者与更广泛的社会发展目标联系起来。签署 UNPRI 的投资者承诺将 ESG 因素引入投资分析和决策过程；将 ESG 因素整合到投资机构的所有权政策和实践中；敦促所投资的机构适当披露 ESG 信息；促进原则在投资领域中的认同和应用；共同努力提高原则的有效性；各自报告履行原则采取的行动和有关进展。

随后十几年，ESG 投资理念逐渐兴起，并成为国际资管行业的一种主流投资理念和投资策略。UNPRI 的签署机构和全球管理资产规模也不断扩大，从 2006 年成立时的 20 多家机构、管理资产 6.5

万亿美元，发展到 2021 年的 4751 家机构、管理资产 121.3 万亿美元。截至 2022 年 1 月，中国内地和香港地区分别有 88 家、84 家机构加入 UNPRI。同时，由于气候变化等问题日益严峻，ESG 议题越发受到各国政府和监管机构的重视，并逐步被全球主要国家及其金融监管机构纳入自愿或强制披露规则，成为判断企业可持续发展能力和投资价值的重要标准。

ESG 的投资流程在发展中不断完善，始于资产所有者提出的 ESG 投资需求，经过资产受托机构进行 ESG 投资活动传导到 ESG 的实践主体企业身上。在这个链条中，评级机构等第三方机构、金融机构和政府等政策制定机构也对生态系统的走向和完善发挥各自作用，引导资金流向支持经济社会可持续发展的领域，并最终形成 ESG 的全球生态系统。在这个系统中，ESG 已成为一种商业愿景被广大企业所接受，其核心价值观包括人权、环境保护和反腐败措施。在利益相关方看来，一家管理良好的企业从长远来看，需要将环境和社会责任整合到分析风险、发现机会和为股东创造利益中，人权是社会责任中必不可少的内容。

二　国际通行规则中的人权要求

工商企业无论其规模、所属部门、业务范围、所有制和结构，都有尊重人权的同等责任，需要了解并遵守相关国际文件和所在国法律要求，真正做到依法合规经营。国际人权公约和标准规定了相关领域的最低标准，各国政府基于这些国际公约和标准，结合各国的实际情况制定了各自的人权和劳工政策。许多第三方评价和评级机构制定的标准相关内容也来源于这些公约和标准。1948 年的《世界人权宣言》构成了现代人权法的基石，它与 1966 年颁布的《公民权利和政治权利国际公约》和《经济、社会及文化权利国际公约》一起，被称为《国际人权宪章》。当前绝大多数人权标准的内容都来自这三个文件，其共同构成了国际公认人权的最低限度参照点。

国际标准中，国际劳工组织的文书需要工商企业予以特别关注，因为在联合国人权条约中，很大一部分直接关乎劳动者的基本权利最集中地体现在国际劳工组织的文件中。这些标准主要分两大类。一类是关于劳工基本人权，具体内容在 1998 年国际劳工组织通过的《关于工作中的基本原则和权利宣言》中予以规定。该宣言使成员国承诺尊重和促进工作中的四项基本原则和权利，不论国家经济发展水平和是否已批准相关公约。这些基本原则和权利是：结社自由和有效承认集体谈判权利；消除一切形式的强迫劳动或强制劳动；有效废除童工；消除就业与职业歧视。其中每一项原则和权利均得到劳工组织两项公约的支持，它们合起来构成劳工组织八项核心的劳工标准。2022 年 6 月 10 日，第 110 届国际劳工大会将安全和健康纳入工作中的基本原则和权利，这就意味着所有国际劳工组织成员国承诺尊重和促进享有安全和健康工作环境的基本权利，无论这些国家是否已经批准了相关的公约。另一类是关于就业条件和劳动条件。这些标准中，有些适用于所有工人，有些则只适用于某些类别的工人，如移民工人、海员、妇女或青年。

2011 年 6 月，联合国人权理事会以其第 17/4 号决议形式通过的《工商业与人权：实施联合国"保护、尊重和补救"框架指导原则》（以下简称《指导原则》），成为第一套为预防和解决与工商企业活动有关的对人权不利影响风险而制定的全球权威标准。《指导原则》阐明了国家和工商企业的不同但互补的义务和责任。它们源自各国在国际人权框架下的法律义务，以及全球预期的所有工商企业的行为标准。企业负有尊重人权的责任，这意味着它们应进行尽职调查以避免侵犯其他人的人权，并应在自身卷入时，消除负面人权影响。

《指导原则》是一个非常全面的文件，涵盖了几乎所有的人权领域、企业类型和产业种类，包括了母国和东道国双方的责任义务，相关的主要法律门类（从国际人权法，到投资法、企业法、刑法和国际组织准则），影响企业行为的法律和商业动机，以及所有类型的救济办法。《指导原则》具有全面性，经合组织（OECD）、欧盟（European Union）、世界银行（World Bank）、国际标准化组织（ISO）等众多政府间组织纷纷参照或采纳来规范企业的人权责任。2015 年联合国 193 个成员国通过的《2030 年可持续发展议程》确立的 17 个可持续发展目标（UNSDGs）也参考了《指导原则》，每一个目标都涉及人权相关内容，为全球人权发展提供了蓝图。

三 避免三个主要领域的违规

不同国家和地区发展水平、社会制度、宗教文化、法律体系各不相同，企业在这些不同地区运营时面临的人权风险也各不相同。企业应该针对不同的风险，按照《指导原则》认真做好尽职调查，做到事前有识别预测、事中有应对处置、事后有补救措施，核心思想是不能被动等待，要采取预防性和修正性措施，避免在三个主要领域出现违规情况以及避免同谋情况的发生。

根据 ISO 26000《社会责任指南》的定义，如果某个组织为其他组织违反或不尊重国际行为规范的错误行为提供协助，而其通过尽责审查知道或理应知道该行为将会对社会、经济或环境造成实质性消极影响，那么该组织就会被视为同谋。如果某个组织对此类错误行为保持沉默或从中受益，也将被视为同谋。企业特别要避免无意中成为沉默同谋，即未能向有关当局指出持续侵犯人权的制度性问题。

（一）雇佣行为

雇佣是企业运营中不可避免的过程，也是人权合规风险最大的领域，需要关注的议题也比较多。随着企业人权意识越来越强，广大企业也不断加强在雇佣过程中的人权保护，主动做到遵守东道国法律和当地风俗习惯，取得了良好的效果，但由于认识不到位，一些企业只做到了表面合规，仍然面临不合规的风险。

第一，企业必须确保没有使用强迫劳动，即借助惩罚性的威胁来迫使雇员从事其非自愿的工作，企业也必须确保没有从使用强迫活动中（直接或间接地）获得利益。以克扣工资、体罚或开除等方式来威胁工人，可以视为强迫行为。

在外来务工人员聚集的地方，需要注意行业中可能存在的强迫劳动或抵债劳动的状况。为防止工人流动，有些企业会向新雇员收取部分工资当作押金。如果工人在合同期前离开，企业则会没收押金。这也可以被视为强迫行为。为避免涉及债务抵押问题，企业应该确保在雇员开工前就已经与所有雇员签订雇佣合同，确保雇佣合同的公平和透明，并为雇员所了解。

扣押旅行证件和身份证也是一种限制雇员自由的不合理的行为。如果企业未能应雇员要求及时返还其证件、证明，或雇员需要获得企业签发的离职信才能结束雇佣关系而企业拒不签发离职信，企业通过扣押这些重要文件，使雇员不能离开企业或到其他地方工作，都可能被视为强迫劳动。

企业虽没有直接参与强迫劳动，但靠中介、供应商、商业伙伴使用了被强迫劳动的受害者或从中获利，则企业仍被视为违反了非强迫劳动的原则，属于不合规的行为。

第二，企业必须确保不使用童工且合规使用未成年工。儿童享有受教育的基本权利，在其完成义务教育前，不得雇用儿童工作。接受义务教育的年龄和被雇用的最低年龄都是由当地政府来决定的。如果国家法律的相关规定低于国际劳工组织公约的要求，则企业必须遵守国际劳工组织的标准。

企业可以为未成年工提供技术教育项目，但不能以这类培训名义雇用未成年工假装学徒，并支付低于成年工的工资，却让他们承担与成年工相当的工作且未能为他们提供教育培训，且企业不能因学徒培训干扰儿童的义务教育。

企业雇用未成年工时必须依法合规，不能让未成年人从事危害其健康、安全和精神的工作，并且应尽量确保企业没有直接或间接从此类劳动中谋利。所在国政府负责界定那些被认为对未成年人有毒有害的工种，企业必须将经营所在国的相关法律作为指导原则。

第三，企业应制定相应制度保证雇佣和运营中不出现歧视现象。歧视包括基于个人特点的任何形式的区别、排斥或偏爱，如性别、年龄、种族、信仰、性倾向、智力或身体缺陷等。这些歧视对个人的雇佣机会来说会带来负面的影响，或者即使被录用也会在工作中得不到公正的待遇。营造一个维护尊重文化、体察雇员需求的工作环境有利于减少或避免歧视。

歧视分为直接性歧视和间接性歧视。为避免直接性歧视，企业必须在所有的雇佣政策、聘用条件和雇员利益方面公平对待工人，如提升、定岗、培训和报酬。应确保工人之间存在的报酬差异根据客观的工作指标来决定，且由于工人的收入水平也与他的晋升和培训机会相关，企业应注意不能基于自身偏见而给雇员不同的晋升机会。

间接性歧视是指企业的政策、程序和行为的实施过程中对一些人造成负面的影响，即便这些政策、程序和行为看上去不带有任何偏见。避免间接性歧视最好的方法是减少政策被有区别地对待的可能，确保依据有关的客观因素（如优点、经历、任务、技能等）做出聘用决定，且在整个决策过程中保持一致。

第四，企业应维护工人自由结社的权利。企业必须尊重工人组织的角色，并允许其发挥职能而不予干涉。在不侵害企业合法利益的前提下，企业也应该允许工人组织获取所需的信息、资源和设施来行使其代表职能。企业还应尊重工人集体谈判的权利，这包括尊重关于集体谈判协议的解释与应用的争端解决机制之类的集体谈判规定。

第五，企业必须保证工作场所的安全健康，并采取预防性措施来保护工作过程中会遇到潜在危险的雇员。作业的地点以及弱势工人的特殊情况，如女工怀孕，也应考虑在内。在极端的情况下，为了解决安全和健康问题，必要时可以停工。企业也需要建立一套应急预案制度，当预防措施失效时，可以迅速采取有效措施应对事故和健康危险。

所有工人在接受新的任务之前必须接受所有与工作内容相关的培训。企业还须定期对就职员工进行健康、安全培训以确保工人了解最新的情况并能安全地开展工作。企业应为员工提供完成工作所需的个人防护用品，不应以负担重或开销大为由不给工人提供适当的个人防护用品。

第六，企业应采取措施帮助雇员免受工作场所的暴力行为和性骚扰。暴力行为有多种类型，包括身体攻击、体罚和性侵犯、恐吓和胁迫等。性骚扰包括但不限于故意的、未经允许的、非情愿的性挑逗、性侵犯、谈论与性有关的话题、讲黄色笑话、提出性行为的要求等。企业必须执行防范性政策，为工人提供培训，建立相关机制保证对上报事件进行调查并做出反馈。

第七，企业搜集雇员个人信息或执行监督措施时要尊重雇员的隐私。企业必须保证数据采集出于合法目的，并且雇员了解其所提供的个人信息的用处。企业应避免在雇用时收集与职位要求无关的个人信息。企业对雇员在工作场所的行为进行的监督必须合理、适宜以及确实出于经营的需要，雇员应了解公司如何对其进行监督，明确知道监督是定期进行还是随机检查，或者只有在公司管理人员对雇员的不当行为有合理怀疑时才能进行监督。企业有关政策的适用范围也应有所界定，详细说明监督政策的适用情况。

第八，企业应建立倾听、处理和解决雇员不满的机制。确保工人能够投诉工作场所中遇到的不满，且不会因此遭受报复。企业应该与工人组织或工人代表建立和维护有效的投诉程序，工人可以提出与工作场所相关的问题。企业要按照预设的投诉解决程序对所有的投诉进行适当调查，且向提出投诉的工人反馈调查结果以及是否采取纠正措施。如果工人不同意该决定，有适当争端解决机制与企业共同解决问题。

（二）社区影响

企业的运营不可避免地与所在地的社区产生千丝万缕的联系，对所在地社区经济、环境、人权造成影响，也可能面临治安风险、政治暴力风险和群体性事件等安全挑战。企业要在处理社区关系时确保人权合规。

第一，企业应确保雇用的保安以最低暴力方式介入安全问题。在必要情况下，企业可以采用专业安保服务确保人身和财产安全，但是过度使用暴力会侵犯受害者的自由与人身安全权。一般来说，私人保安应当仅以防御性和预防性方式解决安全问题，在遇到安全纠纷的情况下，也应尽量使用非暴力方式。保安必须确保遇到不同的安全情况都能做出适当的处理。为了尊重社区成员的言论自由，保安还应该避免干涉社区人员的和平示威活动。

第二，企业应合规处理涉及土地所有权的问题。在所有的土地交易中，企业必须对土地所有权进行适当的调查，避免无意中接受了自称是土地所有者的土地交易，而其土地其实是不正当地从真正所有者那里获得的。例如在某些发展中国家，根据相关条约，土地并不属于法定土地所有者，而属于原住民。出现迁居情况时，要确保企业没有参与不当强迫迁居或从中获利，且对所有迁居者进行足够补偿。

第三，企业尽量减少经营活动对当地社区和自然资源的消极影响。企业在经营过程中不应损害当地居民的健康，避免各类污染物造成水等自然资源的污染或危害居民居住区。企业因停止经营离开当地社区后，应采取有效措施确保土地适宜继续居住或耕种。企业要制定预防措施和应急程序处理对社区造成影响的健康事故和安全事故，不应只在事故发生时才启动应急程序，要有有效的预防方法。

（三）供应链管理

工商企业必须高度重视供应链人权风险，因为多数公司在供应链上有大量供应商、承包商、二级供应商、合资伙伴以及其他商业伙伴，它们的侵权行为常被称为间接侵权，给企业造成了相关的间接风险。企业不能一直承受因其合作方违规而带来的责任，因为它们无法对所有不良行为都有足够的预见力和控制力。

工商企业可以通过政策承诺表明企业对商业伙伴和与其业务、产品或服务直接关联的其他方的人权预期，并确保已采取所有合理措施避免与合作方共同违规的行为。在那些人权被侵犯风险最大的地方，企业应将其对良好人权行为的关注告知当地合作方，将标准人权条款写入与商业伙伴的合同协议，定期进行问卷调查及现场监督。

公司治理篇（G）

以 ESG 合规为例看企业合规不起诉

孙佑海　赵　燊[*]

2018 年 11 月 1 日，习近平总书记在民营企业座谈会上的讲话中强调："聚精会神办企业、遵纪守法搞经营，在合法合规中提高企业竞争能力……是任何企业都必须遵守的原则，也是长远发展之道。"[①]合规不起诉对于引导我国企业建立和完善现代企业管理制度具有重要促进作用。为此，最高人民检察院于 2020 年 3 月在江苏张家港、深圳宝安等 6 个基层检察院开展企业合规不起诉改革试点。2021 年 3 月，在总结第一批试点经验的基础上，在北京、上海、江苏、浙江等 10 个省市进一步开展试点工作。

2022 年 4 月 2 日，涉案企业合规改革试点在全国检察机关全面推开。2022 年 7 月 12 日，时任最高人民检察院检察长张军在全国检察机关加强政治建设暨深化检察改革与理论研究工作推进会上指出，要更全面、稳实地推开涉案企业合规改革试点。[②] 当前，企业合规不

---

[*] 孙佑海，天津大学法学院院长、讲席教授、博士生导师，中国行为法学会副会长兼司法行为分会会长，中国法学会常务理事，中国环境资源法学研究会副会长，最高人民法院司法研究中心学术委员会副主任；赵燊，天津大学法学院博士研究生，天津大学中国绿色发展研究院研究人员，人民法院环境损害司法鉴定研究（天津大学）基地研究人员。

[①] 习近平：《在民营企业座谈会上的讲话》，《人民日报》2018 年 11 月 2 日，第 2 版。

[②] 邱春艳：《以习近平法治思想为指引　融合推进政治建设司法改革理论研究》，《检察日报》2022 年 7 月 13 日，第 1 版。

起诉在实践中已经取得一定成效。尤其是环境保护、反腐败、反贿赂等 ESG[①] 领域的合规不起诉案件业已成为检察机关试点中关注的重点。但是，试点探索的"星星之火"要发展成为"燎原之势"，仍需理论界对企业合规不起诉中的诸多重大问题予以回应。为此，本文从对企业合规不起诉的基础概念入手，深入分析企业合规不起诉的理论基础，对当前实践样态予以检视，根据我国国情，借鉴国际经验，提出企业合规不起诉的应然状态和制度完善路径。

一　企业合规不起诉概述

（一）企业合规不起诉的概念

对企业合规不起诉的概念予以界定，需要明确合规及不起诉所指向的对象，即"企业"的范畴，以及作为不起诉前提条件的"合规"的内涵。基于此，本文作如下四个层次的分析。

其一，合规的主体是企业。企业作为一个源于经济学的名词，在新古典经济学理论中，是指生产商品和劳务以供销售的单位。[②] 随着社会的不断发展，人们对其认知也逐渐丰富完善。在现代社会中，企业通常是指依法成立，采用一定组织形式，以营利为目的，从事生产、流通或服务活动的经济组织。[③]

其二，合规不起诉中的企业是指"涉案企业"，即违反刑事法律应当受到刑事处罚的企业。因而，此处企业的概念属于我国《刑法》第 30 条所规定的符合法定条件承担刑事责任的单位的范畴。[④] 而且

---

① ESG 是责任投资中的专有名词，指环境、社会和公司治理（Environmental, Social and Governance）。
② 王艳梅：《企业概念与地位的法律分析》，《社会科学战线》2012 年第 1 期。
③ 张颖编著《普通高等学校法学精品教材 企业与公司法》，东南大学出版社，2017。
④ 我国《刑法》第 30 条规定：公司、企业、事业单位、机关、团体实施的危害社会的行为，法律规定为单位犯罪的，应当负刑事责任。

从最高人民检察院的试点探索及其印发的《关于建立涉案企业合规第三方监督评估机制的指导意见（试行）》等文件来看，[①] 企业的概念应当作广义解释，包括《刑法》第 30 条中规定的"公司"和"企业"两个范畴。但是，《刑法》并未对其第 30 条所规定的"公司、企业"的概念作进一步阐明。因而，从对我国法律体系的整体性把握出发，[②] 本文提出，企业合规不起诉中的企业应当属于我国《公司法》和相关企业法所规定的主体范畴（见表 1）。同时，如上文所述，由于本文所述企业属于《刑法》第 30 条规制范畴，故其亦应当满足刑事法律对单位的界定规则。最高人民法院 2001 年印发的《全国法院审理金融犯罪案件工作座谈会纪要》规定，以单位的分支机构或者内设机构、部门的名义实施犯罪，违法所得亦归分支机构或者内设机构、部门所有的，应认定为单位犯罪。因而，合规不起诉所指向的涉案企业还包括其分支机构、内设机构、部门。在此基础上，本文将企业合规不起诉中的涉案企业界定为：我国《公司法》和相关企业法中，违反刑事法律规定，应当受到刑事制裁的公司、企业及其分支机构、内设机构、部门。

表 1　我国现行《公司法》和相关企业法关于企业范畴的规定

序号	法律名称	条款	条文内容
1	《公司法》	第 2 条	本法所称公司是指依照本法在中国境内设立的有限责任公司和股份有限公司。
2	《全民所有制工业企业法》	第 2 条	全民所有制工业企业（以下简称企业）是依法自主经营、自负盈亏、独立核算的社会主义商品生产和经营单位。

[①] 《关于建立涉案企业合规第三方监督评估机制的指导意见（试行）》第 3 条规定：第三方机制适用于公司、企业等市场主体在生产经营活动中涉及的经济犯罪、职务犯罪等案件，既包括公司、企业等实施的单位犯罪案件，也包括公司、企业实际控制人、经营管理人员、关键技术人员等实施的与生产经营活动密切相关的犯罪案件。

[②] 王晓东：《论刑法中的"单位"》，《山东社会科学》2015 年第 9 期。

续表

序号	法律名称	条款	条文内容
3	《合伙企业法》	第 2 条	本法所称合伙企业，是指自然人、法人和其他组织依照本法在中国境内设立的普通合伙企业和有限合伙企业。 普通合伙企业由普通合伙人组成，合伙人对合伙企业债务承担无限连带责任。本法对普通合伙人承担责任的形式有特别规定的，从其规定。 有限合伙企业由普通合伙人和有限合伙人组成，普通合伙人对合伙企业债务承担无限连带责任，有限合伙人以其认缴的出资额为限对合伙企业债务承担责任。
4	《个人独资企业法》	第 2 条	本法所称个人独资企业，是指依照本法在中国境内设立，由一个自然人投资，财产为投资人个人所有，投资人以其个人财产对企业债务承担无限责任的经营实体。
5	《乡镇企业法》	第 2 条	本法所称乡镇企业，是指农村集体经济组织或者农民投资为主，在乡镇（包括所辖村）举办的承担支援农业义务的各类企业。 前款所称投资为主，是指农村集体经济组织或者农民投资超过百分之五十，或者虽不足百分之五十，但能起到控股或者实际支配作用。 乡镇企业符合企业法人条件的，依法取得企业法人资格。
6	《外商投资电信企业管理规定》	第 2 条	外商投资电信企业，是指外国投资者依法在中华人民共和国境内设立的经营电信业务的企业。
7	《城镇集体所有制企业条例》	第 4 条	城镇集体所有制企业（以下简称集体企业）是财产属于劳动群众集体所有、实行共同劳动、在分配方式上以按劳分配为主体的社会主义经济组织。 前款所称劳动群众集体所有，应当符合下列中任一项的规定： （一）本集体企业的劳动群众集体所有； （二）集体企业的联合经济组织范围内的劳动群众集体所有； （三）投资主体为两个或者两个以上的集体企业，其中前（一）、（二）项劳动群众集体所有的财产应当占主导地位。本项所称主导地位，是指劳动群众集体所有的财产占企业全部财产的比例，一般情况下应不低于51%，特殊情况经过原审批部门批准，可以适当降低。

续表

序号	法律名称	条款	条文内容
8	《乡村集体所有制企业条例》	第2条	本条例适用于由乡（含镇，下同）村（含村民小组，下同）农民集体举办的企业。 农业生产合作社、农村供销合作社、农村信用社不适用本条例。
9	《劳动就业服务企业管理规定》	第2条	劳动就业服务企业是承担安置城镇待业人员任务、由国家和社会扶持、进行生产经营自救的集体所有制经济组织。 前款所称承担安置城镇待业人员任务，是指： （一）劳动就业服务企业开办时，从业人员中百分之六十以上（含百分之六十）为城镇待业人员； （二）劳动就业服务企业存续期间，根据当地就业安置任务和企业常年生产经营情况按一定比例安置城镇待业人员。 本规定所称城镇待业人员，是指城镇居民中持有待业证明的未就过业的人员和曾就过业又失业的人员。

其三，涉案企业免于刑事处罚的前提条件是"合规"。对合规内涵的理解，应当基于对合规不起诉制度适用的整体把握。合规不起诉有特定的适用场景，即涉案企业违反刑事法律，本应受到刑事制裁，但因为其合规行为，故不予起诉。[①]

在此基础上，合规的内涵包括以下四个方面：第一，实施合规行为的主体是企业，也即《刑法》第30条所指向的"单位"，而非指个人；第二，合规中的"规"指的是刑事法律，[②] 而非其他法律法规、行业规范或企业内部规章制度；第三，为达到合乎刑事法律规定之目的，合规的内容应当包括承诺并建立有效的合规计划、合规计划有效性的审查、合规计划有效执行的保障；[③] 第四，在企业合规不起诉语境下，合规并非一种事前预防行为，而是一种事后自救

[①] 陈瑞华：《刑事诉讼的合规激励模式》，《中国法学》2020年第6期。
[②] 孙国祥：《刑事合规的理念、机能和中国的构建》，《中国刑事法杂志》2019年第2期。
[③] 李玉华：《我国企业合规的刑事诉讼激励》，《比较法研究》2020年第1期。

行为，是企业为了防止受到刑事制裁而采取的补救措施。

其四，涉案企业达到合规要求后的法律后果是"不起诉"。起诉是指检察机关对公安机关移送起诉以及自行侦查终结移送起诉的案件，经审查认为犯罪嫌疑人符合法定起诉条件，将其提交人民法院审判的诉讼行为。不起诉，即检察机关不将上述犯罪嫌疑人移交人民法院审判。第一，从定位来看，不起诉是一种刑事激励措施，[①]即当企业建立并有效运行合规管理机制后，检察机关对其作出不起诉决定。第二，从性质来看，其是一种附条件不起诉的法律后果。也就是检察机关在考量企业犯罪情节等因素基础上，督促企业承诺建立合规管理机制并有效运行，进而设定一定考察期，期满根据涉案企业合规建设情况作出起诉或不起诉的决定。第三，从适用范围来看，不起诉仅适用于人民检察院提起的公诉案件，且仅针对涉案单位，而非个人。

综上，本文对企业合规不起诉作如下界定，即在人民检察院提起的公诉案件中，若涉案公司、企业及其分支机构、内设机构、部门在刑事法律规范指引下，承诺制订有效的合规计划，并通过合规计划有效性的审查，实现合规计划的有效实施，则检察机关可以根据其犯罪情节及合规建设情况等因素，对涉案企业作出不起诉决定。

（二）企业合规不起诉制度的重大意义

其一，有助于保障企业正常生产经营。习近平总书记 2020 年 7 月 21 日在企业家座谈会上的讲话中指出，市场主体是经济的力量载体，保市场主体就是保社会生产力。留得青山在，不怕没柴烧。要千方百计把市场主体保护好，为经济发展积蓄基本力量。[②] 建立和完

---

① 陈瑞华：《企业合规制度的三个维度——比较法视野下的分析》，《比较法研究》2019 年第 3 期。

② 习近平：《在企业家座谈会上的讲话》，《人民日报》2020 年 7 月 22 日，第 2 版。

善企业合规不起诉制度，能够保障企业这一重要市场主体正常运转，为经济发展留住"青山"。

其二，有助于保障就业，维护社会稳定。就业是最大的民生，是社会稳定的重要保障。[①] 通过建立和完善企业合规不起诉制度，能够保障经济运行在合理区间，维护正常生产生活秩序，防止企业因遭受刑事制裁而倒闭破产，进而导致"失业潮"等社会不稳定因素产生。

其三，有助于探索检察机关参与社会治理的新范式。2021 年 6 月 15 日发布的《中共中央关于加强新时代检察机关法律监督工作的意见》明确要求，检察机关要为坚持和完善中国特色社会主义制度、推进国家治理体系和治理能力现代化不断作出新贡献。[②] 企业合规不起诉制度是检察机关深入参与社会治理的范式创新，是检察机关以能动履职服务经济社会发展大局的主动作为，能够促进检察工作融入国家治理体系和治理能力现代化建设。[③]

二　企业合规不起诉的理论基础

企业合规不起诉有着坚实的理论支撑。其中，习近平关于社会稳定的重要论述为企业合规不起诉提供了制度逻辑起点、方法论和目标指引。企业与关联人员刑事责任分离理论为企业合规不起诉提供了理论可行性支撑。能动司法理论为检察机关推行企业合规不起诉制度提供了理论正当性支撑。

---

① 中共人力资源和社会保障部党组：《全力以赴做好应对疫情稳就业工作》，《求是》2020 年第 7 期。

② 《中共中央关于加强新时代检察机关法律监督工作的意见》，《人民日报》2021 年 8 月 3 日，第 1 版。

③ 邱春艳：《检察工作如何融入国家治理体系和治理能力建设大局》，《检察日报》2019 年 12 月 17 日，第 1 版。

（一） 习近平关于社会稳定的重要论述

党的十八大以来，习近平总书记高度重视国家安全和社会稳定工作，有一系列重要论述，[①] 为企业合规不起诉制度的建立和完善提供了理论支撑。第一，习近平总书记在论述关于实现改革、发展、稳定有机统一时指出，要增强创新思维、法治思维、底线思维，[②] 为建立和完善企业合规不起诉提供制度逻辑起点，即通过创新法治方式妥善化解社会矛盾，防范和化解社会发展中的风险，实现安全发展。第二，习近平总书记在论述正确处理秩序和活力的关系时指出，社会发展死水一潭不行，暗流涌动也不行。[③] 因此，必须把握好社会稳定与经济社会发展之间的关系。这为企业合规不起诉制度的实施提供了方法论指引，要求检察机关既要严管，依法惩处犯罪行为，维护正常经济秩序，又要厚爱，依法引导企业建立和落实合规管理机制，进而免受刑事制裁，为经济发展留住"青山"。第三，习近平总书记在论述关于正确处理源头化解和末端处理的关系时指出，必须从制度、机制、政策、工作上积极推动社会矛盾预防化解工作。[④] 这为企业合规不起诉的实施提供了制度目标指引，即推动单位犯罪的治理从事后惩罚意义上的消极预防，转变为事前、事后的积极预防。[⑤]

---

① 马玉生：《打好新形势下维稳主动仗——深入学习习近平同志关于维护社会大局稳定的重要论述》，《人民日报》2017 年 1 月 13 日，第 7 版。

② 习近平：《在庆祝改革开放 40 周年大会上的讲话》，《人民日报》2018 年 12 月 19 日，第 2 版。

③ 习近平：《切实把思想统一到党的十八届三中全会精神上来》，《人民日报》2014 年 1 月 1 日，第 2 版。

④ 《切实维护国家安全和社会安定 为实现奋斗目标营造良好社会环境》，《人民日报》2014 年 4 月 27 日，第 1 版。

⑤ 姜涛：《企业刑事合规不起诉的实体法根据》，《东方法学》2022 年第 3 期。

（二）企业与关联人员刑事责任分离理论

企业与关联人员刑事责任分离理论强调，在单位犯罪案件中，单位责任与直接责任人员的责任具有相对的独立性，司法机关对于单位犯罪案件追究刑事责任的方式，并不是必然同时追究单位和责任人员的刑事责任。① 该理论通过以下两个学说的证成，对传统的单位犯罪理论予以改造以支撑上述观点。一是企业独立意志说，将单位责任与关联人员责任予以分割，明确企业具有独立于责任人员的意志，该意志通过企业的抽象行为和具体行为来加以体现。因而，在企业建立并落实了有效的合规管理机制后，检察机关可以对企业作出不起诉的决定，仅追究违法犯罪的个人。二是溢出效应说，为仅追究个人刑事责任，免除单位刑事责任提供正当性。溢出效应说强调，追究企业刑事责任的后果会波及员工、投资人等第三人，侵害社会整体利益。因而，刑事制裁要坚持政治效果、社会效果、法律效果相统一，在依法打击违法犯罪行为的同时，维护社会安全稳定。②

（三）能动司法理论

能动司法是指，司法机关在遵循司法规律基础上，积极履职、主动作为，自觉承担政治使命、服务国家建设。③ 能动司法理论要求司法机关从顶层思维出发，化被动为主动，服务国家经济社会发展大局。因此，其为司法机关推动建立和完善企业合规不起诉制度提供了理论正当性。在此基础上，检察机关能够依法督促企业建立和有效实施合规管理机制，对企业作出不起诉决定。

---

① 陈瑞华：《企业合规不起诉改革的八大争议问题》，《中国法律评论》2021 年第 4 期。
② 《坚持政治效果社会效果法律效果相统一》，《检察日报》2021 年 1 月 15 日，第 1 版。
③ 卞建林等：《把握法治规律 深化能动司法检察》，《检察日报》2021 年 8 月 9 日，第 3 版。

三 当前企业合规不起诉的现状检视

（一）当前企业合规不起诉的实践样态梳理

立法层面，我国关于免予追究涉案企业刑事责任的规定可以分为四类（见表2）。其一，《刑法》中有关不起诉的实体性规定，明确特定情形下犯罪企业可以免予刑事处罚。其主要体现在《刑法》第37条。其二，《刑法》中有关单罚制的实体性规定，明确部分罪名中仅追究相关人员的责任，对单位免予刑事处罚。其主要体现在第135条、第137条至139条、第162条、第396条第1款等条文中。其三，《刑事诉讼法》中有关不起诉的程序性规定，明确在特定情形下，检察机关可以作出不起诉决定。其主要体现在《刑事诉讼法》第177条第2款和第182条第1款。其四，最高人民检察院发布的一系列与企业合规不起诉相关的司法政策文件。

表2 我国现行《刑法》和《刑事诉讼法》等规范中关于免予追究
涉案企业刑事责任的规定

法律名称	条款	条文内容	类型
《刑法》	第37条	对于犯罪情节轻微不需要判处刑罚的，可以免予刑事处罚，但是可以根据案件的不同情况，予以训诫或者责令具结悔过、赔礼道歉、赔偿损失，或者由主管部门予以行政处罚或者行政处分。	不起诉的实体性规定
	第135条	安全生产设施或者安全生产条件不符合国家规定，因而发生重大伤亡事故或者造成其他严重后果的，对直接负责的主管人员和其他直接责任人员，处三年以下有期徒刑或者拘役；情节特别恶劣的，处三年以上七年以下有期徒刑。	单罚制的实体性规定

续表

法律名称	条款	条文内容	类型
《刑法》	第 137 条	建设单位、设计单位、施工单位、工程监理单位违反国家规定，降低工程质量标准，造成重大安全事故的，对直接责任人员，处五年以下有期徒刑或者拘役，并处罚金；后果特别严重的，处五年以上十年以下有期徒刑，并处罚金。	单罚制的实体性规定
	第 138 条	明知校舍或者教育教学设施有危险，而不采取措施或者不及时报告，致使发生重大伤亡事故的，对直接责任人员，处三年以下有期徒刑或者拘役；后果特别严重的，处三年以上七年以下有期徒刑。	
	第 139 条	违反消防管理法规，经消防监督机构通知采取改正措施而拒绝执行，造成严重后果的，对直接责任人员，处三年以下有期徒刑或者拘役；后果特别严重的，处三年以上七年以下有期徒刑。	
	第 162 条	公司、企业进行清算时，隐匿财产，对资产负债表或者财产清单作虚伪记载或者在未清偿债务前分配公司、企业财产，严重损害债权人或者其他人利益的，对其直接负责的主管人员和其他直接责任人员，处五年以下有期徒刑或者拘役，并处或者单处二万元以上二十万元以下罚金。	
	第 162 条之二	公司、企业通过隐匿财产、承担虚构的债务或者以其他方法转移、处分财产，实施虚假破产，严重损害债权人或者其他人利益的，对其直接负责的主管人员和其他直接责任人员，处五年以下有期徒刑或者拘役，并处或者单处二万元以上二十万元以下罚金。	
	第 396 条第 1 款	国家机关、国有公司、企业、事业单位、人民团体，违反国家规定，以单位名义将国有资产集体私分给个人，数额较大的，对其直接负责的主管人员和其他直接责任人员，处三年以下有期徒刑或者拘役，并处或者单处罚金；数额巨大的，处三年以上七年以下有期徒刑，并处罚金。	

续表

法律名称	条款	条文内容	类型
《刑事诉讼法》	第 177 条第 2 款	对于犯罪情节轻微，依照刑法规定不需要判处刑罚或者免除刑罚的，人民检察院可以作出不起诉决定。	不起诉的程序性规定
	第 182 条第 1 款	犯罪嫌疑人自愿如实供述涉嫌犯罪的事实，有重大立功或者案件涉及国家重大利益的，经最高人民检察院核准，公安机关可以撤销案件，人民检察院可以作出不起诉决定，也可以对涉嫌数罪中的一项或者多项不起诉。	
《最高人民检察院关于充分发挥检察职能依法保障和促进非公有制经济健康发展的意见》	—	坚持既充分履行职能、严格依法办案，又注意改进办案方式方法，防止办案对非公有制企业正常生产经营活动造成负面影响。	最高人民检察院发布的司法政策文件
《关于开展企业合规改革试点工作方案》			
《企业合规改革试点典型案例》			
《企业合规典型案例（第二批）》			
《关于建立涉案企业合规第三方监督评估机制的指导意见（试行）》			

司法实践层面，我国企业合规不起诉的实践始于 2020 年 3 月，彼时最高人民检察院在上海浦东、金山，江苏张家港，山东郯城，广东深圳南山、宝安等 6 家基层检察院试点开展"企业犯罪相对不诉适用机制改革"。试点检察院对于民营企业涉经营类犯罪，依法探索适用相对不起诉机制，并督促涉案企业建立并落实合规管理机制。之后最高人民检察院于 2021 年 3 月进一步扩大试点范围，明确北京、辽宁、上海、江苏、浙江、福建、山东、湖北、湖南、广东十省市的省级检察院可自行确定 1~2 个设区的市级检察院及其所辖基层院作为试点单位。截至 2022 年 3 月底，上述十个试点省市共办理涉企业合规案件 766 件；部分非试点省份检察机关主动开展合规改

革，办理合规案件 223 件。① 2022 年 4 月 2 日，最高人民检察院会同全国工商联宣布，涉案企业合规改革试点在全国检察机关全面推开。

（二）当前实践探索的成就与不足分析

应当看到，当前合规不起诉的实践探索取得了一定的成绩。其主要体现在两个方面。其一，相关司法制度不断创新。如深圳市宝安区人民检察院在全国首创"企业刑事合规独立监控人"制度，其联合司法行政部门共同挑选律师事务所担任独立监控人，协助企业拟定合规计划、开展合规培训、进行监督考察、出具评定意见，弥补企业能力短板。② 其二，政治效果、社会效果、法律效果"三统一"明显增强。如在最高人民检察院发布的企业合规改革试点典型案例——张家港市 L 公司、张某甲等人污染环境案中，检察机关主动作为，在开展合规考察、召开听证会听取行政机关和公众意见基础上，作出不起诉决定。L 公司通过建立合规内控管理体系，有效履行社会责任。2021 年 L 公司一季度缴纳税收同比增长 333%，成为所在地区增幅最大的企业。③

同时，我国刑事司法实践中仍普遍适用双罚制（单位及其工作人员双罚），指引检察机关依法对犯罪企业进行刑事制裁的做法，也在一定程度上稳定了我国的经济市场秩序。如 2021 年最高人民检察院联合公安部、中国证监会专项惩治证券违法犯罪，集中办理 19 起重大案件，指导起诉康得新案、康美药业案，助力依法监管资本市场，维护投资者合法权益。④

但是，也要看到目前的工作仍存在一些不足。其一，当前合规

---

① 徐日丹、常璐倩：《依法能动履职！第一季度"四大检察"办案质量有哪些新变化》，《检察日报》2022 年 4 月 20 日，第 2 版。

② 李英华、彭振、熊哲菱：《当好"老娘舅"，让企业走得稳走得远》，《检察日报》2021 年 5 月 25 日，第 5 版。

③ 《企业合规改革试点典型案例》，《检察日报》2021 年 6 月 4 日，第 2 版。

④ 《最高人民检察院工作报告》，《人民日报》2022 年 3 月 9 日，第 3 版。

不起诉的试点地区有限，尚未在全国范围内确立企业合规不起诉的制度框架。其二，当前企业合规不起诉的程序和方式尚缺乏统一标准。如浙江省岱山县人民检察院试点中采用"认罪认罚＋合规考察＋不起诉"的刑事合规模式，① 而深圳市宝安区人民检察院则采用"先期刑事合规＋不起诉＋后期刑事合规"模式，引入独立监控人作为第三方监管主体。② 上述模式带有明显的地方特色，在企业合规整改周期、整改内容等方面的规定并不一致。其三，试点单位积极性不高。其主要体现为涉案企业合规改革试点中总体办案量不多，案件类型、适用罪名和影响力有限，有的地方对第三方机制不会用、不敢用。③

（三） 当前实践样态形成的原因剖析

进一步分析来看，上文所述实践样态形成的原因主要有以下三个方面。

其一，有罪必罚的观念深入人心。在一般公众的认知中，罚即采取刑事处罚措施对犯罪之人予以制裁，而且有罪必须处罚。在上述观念指引下，社会公众对合规不起诉制度存在一定误解，认为合规不起诉就是为涉案企业提供保护伞，是企业通过金钱交易逃避刑事制裁，其违背了"违法必究"的法治原则。这种非理性的片面理解，导致公众较难接受企业合规不起诉制度，阻碍了其进一步推进。

其二，旧的刑法理论阻碍了企业合规不起诉制度的进一步发展。传统的刑法强调直接责任人员刑事责任的追究应以单位构成犯罪为前提，且单位由于缺乏独立意志和行为，必须与关联人员责任整合

---

① 《岱山县人民检察院 2017－2021 年度五年检察工作报告》，浙江省岱山县人民检察院网站，2022 年 4 月 24 日，http://www.zjdaishan.jcy.gov.cn/jcgzbg/202204/t20220424_3639175.shtml。

② 李英华、彭振、熊哲菱：《当好"老娘舅"，让企业走得稳走得远》，《检察日报》2021 年 5 月 25 日，第 5 版。

③ 徐日丹：《如何让好制度释放司法红利》，《检察日报》2022 年 4 月 6 日，第 1 版。

在一起。因此，在旧的刑法理论指导下，司法实践中单位与关联人员的责任难以分割。

其三，立法层面缺乏高位阶法律支持合规不起诉制度的纵深改革。目前，《刑事诉讼法》中附条件不起诉仅限于未成年犯罪，且《刑法》中双罚制的罪名仍然较多。这就导致地方在实践探索中往往会面临"无法可依"的困境，无法落实"重大改革于法有据"的要求。因此，合规不起诉制度难以进一步全面推开。

四 国际企业合规不起诉经验借鉴

爱立信公司是瑞典一家移动通信设备商，其业务目前遍布全球180 多个国家和地区。2019 年 12 月 6 日，美国司法部对外发布公告，指控爱立信公司因在 2000 年至 2016 年与其他公司合谋，长期行贿、伪造账簿和记录，以及未能实施合理的内部会计控制，违反了《反海外腐败法》。该公告称，爱立信公司已经与美国司法部签订了暂缓起诉协议，承认该公司密谋违反《反贿赂法》的反贿赂、账簿和记录，以及《反海外腐败法》的内部控制条款。为此，爱立信公司除承担罚款外，还承诺设立独立的合规监察机构。目前，爱立信公司已经聘请专业人员作为独立合规监察官，负责审查爱立信对和解协议的遵守情况，并评估公司在执行和运营其合规计划以及合规管控方面的进展。[①]

上述事件对我国企业合规不起诉制度建设具有重要借鉴意义。其一，企业合规不起诉制度要求企业必须承诺建立有效的合规管理机制，并依法依约履行该承诺。其二，合规不起诉制度重在处理关联责任人，而免除对企业的刑事制裁，以尽量实现社会效益的最大

① "Ericsson Reaches Resolution on U. S. FCPA Investigations," Ericsson Official Website (6 December 2019), https://www.ericsson.com/en/press-releases/2019/12/ericsson-reaches-resolution-on-u. s. -fcpa-investigations.

化。其三，检察机关应当对企业履行承诺情况予以监管，在企业未履行合规承诺时，可以重新启动刑事制裁程序。

五 ESG 领域企业合规不起诉在实体上的应然状态

ESG 领域企业合规不起诉在实体上的应然状态包括四个方面。

（一）企业承诺建立有效的 ESG 合规管理机制

具体来讲，有效的 ESG 合规管理机制应当包括如下五项内容：一是完善的 ESG 合规管理体系，包括设置相对独立的 ESG 合规管理专门机构；二是完善的 ESG 合规风险识别预警制度；三是完善的 ESG 合规管理评估制度；四是完善的 ESG 违规行为审查和处罚制度；五是完善的 ESG 合规企业文化制度。

（二）追究关联人员相关责任

在 ESG 领域企业合规不起诉制度适用中，虽然对企业免予刑事处罚，但是在企业与关联人员刑事责任分离理论指引下，仍要追究关联人员的责任。具体来讲，一是追究关联人员依法应当承担的刑事责任；二是追究关联人员违法违规应当承担的企业内部责任，给予其辞退、降职调薪等形式的处罚；三是对关联人员施加道德谴责，通过在企业或行业内部公布其违法犯罪行为、开展警示教育等措施，降低其社会认可度。

（三）允许企业在 ESG 合规监管情形下继续经营

ESG 领域企业适用合规不起诉制度，进而得以继续经营的前提是企业建立了有效的合规管理机制。但是该机制是否有效不能由企业自行评估。结合上文国外经验及我国试点实践来看，应当根据最高人民检察院、司法部等部门于 2021 年 6 月 3 日联合印发的《关于建立涉案企业合规第三方监督评估机制的指导意见（试行）》的要求，在企业 ESG 合规监管中引入第三方监督评估机制，并确定具体的监管内容、监管时限。在企业通过第三方监督评估机制的监管后，检察机关对其作出不起诉决定。

（四）企业如不有效履行 ESG 合规责任则应恢复处罚

其一，在合规监管期内，企业未能履行 ESG 合规承诺，且第三方监督评估机制告知其应当有效履行后，企业仍不依法依约履行，检察机关可以结束考察，直接提起诉讼。其二，在合规监管期结束后，第三方监督评估机制考察结论为不合格，也即企业未能有效履行 ESG 合规承诺时，检察机关可以对其提起诉讼。其三，在企业通过第三方监管评估之后，检察机关发现其有提交虚假材料等情况，可以撤销之前作出的不起诉决定，重新对其提起诉讼。

六 ESG 领域企业合规不起诉制度的完善路径

完善我国 ESG 领域企业合规不起诉制度，需要在高度重视相关理论基础上，通过立法手段，将其在实体上的应然状态转化为成文法中的强制性制度安排。

（一）建议对现行《刑法》中的双罚制进行重构

具体来讲，就是围绕 ESG 领域合规可能涉及的内容，修改相关双罚制罪名的认定规则，明确双罚制并非一定要处罚企业，亦可以仅处罚个人，进而为检察机关适用企业合规不起诉制度提供实体依据。一是建议修改环境刑事犯罪的相关双罚制罪名的认定规则，如对《刑法》第 338 条污染环境罪作出相应修改。二是建议修改劳动者权利保护领域的相关双罚制罪名的认定规则，如对《刑法》第

276 条之一拒不支付劳动报酬罪作出相应修改。三是建议修改腐败贿赂领域的相关双罚制罪名的认定规则，如对《刑法》第 390 条之一对有影响力的人行贿罪作出相应修改。

（二）建议对现行《刑事诉讼法》中不起诉制度进行重构

其一，建议将附条件不起诉的范围进行拓展，明确 ESG 领域内诸如污染环境、侵犯劳动者权利、腐败贿赂等范畴的相关罪名均可以适用附条件不起诉。其二，限定企业合规不起诉制度的适用条件和程序，包括明确企业应当承诺建立并实施有效的 ESG 合规管理机制、确立第三方评估监督机制等内容。

（三）建议出台 ESG 领域企业合规不起诉专门司法解释

在当前《刑法》和《刑事诉讼法》修法程序启动较为困难的情形下，建议由最高人民法院、最高人民检察院联合出台司法解释。该司法解释的内容主要包括：其一，ESG 领域相关罪名适用双罚制的新机制，即明确双罚制并非一定要处罚企业，亦可以仅处罚个人；其二，明确 ESG 领域相关罪名可以附条件不起诉；其三，明确 ESG 领域企业合规不起诉制度的适用程序，包括企业承诺建立并实施有效的合规管理机制、采用第三方评估监督机制、企业整改考察、公开听证等环节，并对企业整改的周期、整改方案的内容等进行统一规定。

海外 ESG 合规风险触发机制与风险敞口系数量化

樊光中[*]

案例一

2020 年 10 月，高盛集团与美国司法部最终达成和解，因其违反《反海外贿赂行为法》（FCPA），需向美国司法部支付总额高达 33 亿美元的罚款，并荣登 "FCPA 罚金榜" 榜首。该案件系因高盛集团利用中间人贿赂马来西亚及阿布扎比相关政府高官以获得债券承销等业务而违反 FCPA 法案，该案件也是臭名昭著的马来西亚—马公司（1MDB）丑闻案的一部分。

案例二

2019 年 12 月 7 日，据环球时报消息，爱立信承认，该公司 17 年来在多国存在行贿行为，为此已与美国检方达成和解，向后者交付超过 10 亿美元的和解金。对比该公司近年财报，这笔罚金相当于爱立信单季营收的 1/5。

爱立信埃及子公司承认在越南、印度尼西亚、吉布提等 5 个国家有行贿行为。爱立信埃及子公司在 2010 年至 2014 年向吉布提政

---

* 樊光中，《合规管理体系 要求及使用指南》（GB/T 35770—2022/ISO 37301：2021）主要起草人、中国专家组成员。

府高层行贿大约 210 万美元，用来获取该国国营电信公司的合约，并且通过伪造收据来掩盖不法款项。

案例三

2018 年 7 月 4 日，马来西亚政府正式致函中国相关企业，表明将暂停目前正在进行的三大工程项目。马来西亚财政部一名高官称，暂停这三个项目的理由是成本过高。5 日，马来西亚又暂停了一个涉及一条天然气与石油管道的项目。

此次马来西亚政府叫停的三个中资项目分别是耗资约 40 亿林吉特（约 64 亿元人民币）的马六甲多产品输送管工程、耗资约 50 亿林吉特（约 80 亿元人民币）的泛沙巴煤气输送管工程和耗资逾 670 亿林吉特（约 1109 亿元人民币）的东海岸铁路建设工程。三项工程均由中国企业承建，且都已于 2017 年开始动工建设。与两项管道工程相比，东海岸铁路计划由于造价高、投资大，成为马来西亚最大的在建项目，也是中国政府"一带一路"倡议中的重要工程之一。该项目对中马两国都有着特定的意义。

前两个案例是外国公司在国外市场经营开拓，实施商业贿赂，第三个案例是中国企业向马来西亚提供基础设施项目建设服务。前两个案例比较明显，发生合规风险事件。第三个案例是否存在"不合规"情况则不明显。为什么叫停？我们可以反过来思考：如果马来西亚这三个项目对他们有诸多好处，是否还会叫停？合规是指企业生产经营要符合明文发布的要求，也要符合隐含的惯例、习俗、生态、社会责任与当地文化要求。看得见的"硬规则"容易遵循，看不见的隐含的"软规则"难以遵循，特别是在企业专注于自己一方利益的时候，更是不注意。ESG 合规便是这个问题的核心。

对我国近 20 年来的企业违规案例导致的后果进行统计分析，不同企业对违规后果的容忍程度情况见表 1。

表 1　不同企业对违规后果容忍的程度排序（根据目前的违规案例分析）

违规后果	一星级	二星级	三星级	四星级	五星级	六星级	七星级
环境伤害							零容忍
人员伤害						零容忍	零容忍
名誉损失					零容忍	零容忍	零容忍
经济损失				零容忍	零容忍	零容忍	零容忍
行政处罚			零容忍	零容忍	零容忍	零容忍	零容忍
民事责任		零容忍	零容忍	零容忍	零容忍	零容忍	零容忍
刑事责任	零容忍	零容忍	零容忍	零容忍	零容忍	零容忍	零容忍

企业家最关注自己是否会因为违规被追究"刑事责任"，对人员的伤害、对环境的伤害排在最后。

ESG 合规形势下，这个排序发生变化，见表 2。

表 2　不同企业对违规后果容忍的程度排序（社会倡导的排序）

违规后果	一星级	二星级	三星级	四星级	五星级	六星级	七星级
经济损失							零容忍
行政处罚						零容忍	零容忍
民事责任					零容忍	零容忍	零容忍
刑事责任				零容忍	零容忍	零容忍	零容忍
名誉损失			零容忍	零容忍	零容忍	零容忍	零容忍
环境伤害（E）		零容忍	零容忍	零容忍	零容忍	零容忍	零容忍
人员伤害（S）	零容忍	零容忍	零容忍	零容忍	零容忍	零容忍	零容忍

企业市场经营应该把环境生态保护和社会责任、防止对人的伤害放在前两位。ESG 合规是要求企业发展不仅要顾及眼前，更应该从长远来考虑如何获得持续发展机会，特别是一些重大的投资建设、基础设施建设项目，更应该考虑社会责任，考虑环境生态的长期保护。

合规治理，在治里，不在治表，我们应该研究 ESG 要求下合规风险发生的原理机制，探寻合规风险防控的"良方"。在实践中，需要把握住五个方面的工作：一是掌握合规风险触发机制原理；二是判断引致合规风险的风险源；三是识别合规风险源的分布情况；四是匹配合规风险源对应的"规"并定义具体合规风险点；五是进行风险敞口系数量化评估。

一　关于合规风险触发机制

"一带一路"背景下，企业构建有效 ESG 合规管理体系是中国企业"走出去"、行稳致远的基本保障。2019 年 4 月 27 日，在北京举行的第二届"一带一路"国际合作高峰论坛上，习近平总书记在主旨演讲中讲道："我们要努力实现高标准、惠民生、可持续目标，引入各方普遍支持的规则标准，推动企业在项目建设、运营、采购、招投标等环节按照普遍接受的国际规则标准进行，同时要尊重各国法律法规。"显然，"一带一路"要建合规之路，要符合 ESG 合规要求，这是中国企业能够借力"一带一路""走出去"的基本要求。

2018 年 11 月 2 日，国务院国资委印发了《中央企业合规管理指引（试行）》，推动中央企业全面加强合规管理。2018 年 12 月 26 日，国家发展改革委、外交部、商务部、中国人民银行、国务院国资委、国家外汇管理局、全国工商联共同制定了《企业境外经营合规管理指引》，其中指出，合规是企业"走出去"行稳致远的前提，合规管理能力是企业国际竞争力的重要方面。在当前国际合规制裁的影响下，在合规制度指引的促进下，中国的各类所有制企业已经越来越关注企业合规风险和合规管理，并且开始积极探索如何建立有效的企业合规管理体系，以形成企业合规风险控制机制。协会、大学和研究机构、咨询公司也积极推进企业合规管理。国际标准《合规管理体系　要求及使用指南》（ISO 37301：2021）和中国标准《合规管理体系　指南》（GB/T 35770—2017）明确，建立合规管理体系包括以下八个方面：

一是识别建立和维护持续更新的企业合规义务；

二是准确识别分析评估合规风险；

三是建立企业合规管理职责体系；

四是设定企业合规管理目标和制定合规风险应对措施并融入企业管理体系；

五是加强合规管理能力建设、合规宣传培训和合规文化塑造；

六是推进合规标准、合规风险应对措施在业务流程落实，加强合规控制程序，实现合规目标；

七是开展合规效果持续监测和合规管理体系审计（审核）以及管理层评审；

八是持续改进企业合规管理体系。

其中，识别合规义务和合规风险是建立企业合规管理体系的基础，准确识别合规风险是企业合规管理体系有效的基本前提。因此海外 ESG 合规风险识别的研究尤显重要，是建立合规管理体系的基石。

《合规管理体系　要求及使用指南》明确定义："合规风险是不符合组织合规义务的可能性及其后果。" ISO 31000 的 5.4.2 和 GB/T 24353—2009 的 5.3.2 风险识别提出，风险识别是通过识别风险源、影响范围、事件及其原因和潜在的后果等，生成一个全面的风险列表，其中风险源是指单独的或以结合的形式具有产生风险的内在可能性的因素，一个风险源可以是有形的或者无形的，《合规管理体系　要求及使用指南》的使用指南中建议了合规风险源的识别工作，合规风险源正是本文提到的 ESG 合规风险触发机制的核心。经过大量的案例整理分析，合规风险发生的规律普遍符合以下推导方式：

权力＋不良动机＋业务办理＝不合规行为

在经办人员不良动机情形下，办理业务时，在合规风险源驱动下，会触发合规风险的发生，我们称此为"合规风险触发机制"。

2006 年 6 月 6 日，国务院国资委印发的《中央企业全面风险管理指引》（国资发改革〔2006〕108 号）第 21 条指出，进行风险辨识、分析、评价，应将定性与定量方法相结合。定性方法可采用问卷调查、集体讨论、专家咨询、情景分析、政策分析、行业标杆比较、管理层访谈、由专人主持的工作访谈和调查研究等。定量方法可采用统计推论（如集中趋势法）、计算机模拟（如蒙特卡罗分析法）、失效模式与影响分析、事件树分析等。《银行业金融机构全面风险管理指引》第 3 条规定，银行业金融机构应当建立全面风险管理体系，采取定性和定量相结合的方法，识别、计量、评估、监测、报告、控制或缓释所承担的各类风险。两个指引中也未明确指出风险识别的具体工具和方法技术。

风险管理实践工作中，案例分析、问卷调查、集体讨论、专家咨询、情景分析、政策分析、行业标杆比较、管理层访谈、由专人主持的工作访谈和调查研究等是目前在风险识别中使用的常见传统方法。在合规风险识别中以及各单位的合规风险管理实践中，也是使用这些方法。

在推进 ESG 合规管理过程中，ESG 下的合规风险如何识别？传统的合规风险识别方法在实践中具有比较大的随机性和随意性，既不具有专业性，又不具有系统性，称不上完全意义上的合规风险识别工具与技术。缺乏合规风险识别工具与技术是合规从业人员的普遍痛点，如何识别企业合规风险，也是合规从业人员开展合规管理工作、建立有效合规管理体系的难点。

二 引致合规风险的合规风险源

权力是支配利益分配的能力，是支配资源调配的能力。权力寻租是握有权力者以权力为筹码谋取自身利益的一种非生产性活动的经济学术语，如权物交易、权钱交易、权权交易、权色交易等。

凡权力，均存在特定的权力对象，如权力承租人，反之，缺乏权力对象如权力承租人的"权力"，不能够称为"权力"。2015 年，经过对发生在 1999～2014 年的 100 多个企业违规、腐败案例的重新检索和统计，发现企业组织内部的内控失灵问题、舞弊甚至违纪违规腐败贪污、贿赂犯罪等系列违规犯罪问题，96% 出现在"八项权力"分布的业务领域和岗位。利用"八项权力"中的一项或者两项甚至更多权力在生产经营活动中违规犯罪是这 100 多个案例能够发生的路径依赖。

因此，从这些案例案情统计分析看，权力成为引致合规风险的主要合规风险源。权力＋不良动机＋业务机会，成为不合规行为发生的铁三角定律。没有权力，不合规行为发生就缺少了第一必要条件。经过对案例的统计、分析和归纳提炼，企业组织的"八项权力"具体如下。

第一项权力——审批权，是指决策、决定、批准等具有核准性质的权力，多为企业各业务、各层级领导对于某项事务做还是不做的决定权。

行权内容包括：销售、人事、采购、放行、计量、财务资金等领域的决策审批。

第二项权力——市场客服与销售权，负责推销资产、产品、服务并卖给客户。

行权内容包括：向客户介绍资产、产品、服务功能、销售政策、价格优惠条件、销售合同签订、售后服务、维修、保养、置换等客服、销售性质活动以及向客户实施的营销推送活动。多为市场客服与销售岗位人员的主要活动。

第三项权力——人事权，负责企业人员管理。

行权内容包括：雇佣、招聘、任免、考核、人员奖励与处罚、职称评定、岗位选拔、评先进、劳模等针对人的管理活动。多为人力资源岗位人员的主要活动。

第四项权力——采购权，负责购买企业所需。

行权内容包括：投资活动、确定供应商、外包商、租赁商合格名册、确定采购数量、采购方式、采购策划、制定采购文件、确定投标人、确定价格和中标人、签合同、合同变更等与选择第三方合作伙伴和确定采购价格相关的活动。多为采购、投资相关岗位人员的主要活动。

第五项权力——放行权，负责利用某尺度标准进行判断、对比、衡量。

行权内容包括：质量检测、安全管理、仓储管理、品控管理、物料设备使用管理、技术审核、专业评审、专业认证、监督权、环境管理、进出门管理等工作过程中间产品进出、放行、许可、专业技术复核性质的活动。多为质检、技术、现场、库管、品管、门卫等岗位的主要活动。

第六项权力——计量权，负责确定数量多少。

行权内容包括：计量劳动工作量、产品、服务、物资、设备，如货物计数、采购结算、开具验收单、物料领用、消耗计量、工作量计量、分包量计量、容积测量、计时计件、记账等计数计量称重活动。多为供应链、物流线上的岗位和会计岗位人员的主要活动。

第七项权力——财务资金权，负责公司财务管理。

行权内容包括：资金、费用预算、计划、收款、付款、费用开支管理和负责费用报销管理、津贴福利开支管理等经手钱财进出性质的活动。多为财务、出纳、收支计划、财务预算等岗位人员的主要活动。

第八项权力——掌握关键信息权，是指履行岗位职责过程中能接触、掌握、创造需控制受众范围的信息的机会。

行权内容包括：参与公司高层内部决策会议、重要商务活动、重要管理活动，掌握公司内部商业秘密、商业策略、战略、重要人事安排、重要工作部署、采购分包其他投标人、标底、预算等信息。

以上八个方面的权力是企业在生产经营过程中广泛行使的各项权力，这些权力在行使的过程中，极容易导致腐败风险发生，产生违反法律法规、违反企业制度、违反企业所尊崇的道德价值准则的行为，识别了以上八个方面的权力在生产经营业务中的分布情况，就识别了合规风险源的分布情况，就可以掌握合规风险的分布情况。存在于企业生产经营活动中的这"八项权力"即"企业八项权力模型"。它们正是引致合规风险的主要合规风险源。

三　如何识别合规风险源的分布情况

根据合规风险触发机制，权力 + 不良动机 + 业务机会 = 不合规行为。没有权力，不合规行为发生缺少了第一条件，合规风险就难以发生。反过来，权力存在的地方，是合规风险高发的地方，因为权力是引致合规风险的风险源。如果找到了这"八项权力"的分布，就可以准确识别合规风险源的分布，找到合规风险源的分布情况，就找到了合规风险的潜在分布情况。

如何识别合规风险源的分布情况？目前有两种方法。一种是围绕岗位职责内容，识别岗位人员掌握的权力和权力内容清单；另一种是围绕业务流程每个步骤的工作任务，识别流程中每个环节责任执行人员掌握的权力和权力内容清单。

本文着重介绍第一种识别合规风险源分布的方法：围绕岗位职责内容，识别岗位人员掌握的权力和权力内容清单。

（一）运用"企业八项权力模型"识别岗位上的权力

在公司，不同的岗位有不同的职责，并且职责有多有少，每项职责发生的业务频次也各有不同。在岗位职责中，有的职责对应一项权力，并且这项权力是舞弊、腐败和商业贿赂等不合规高风险的主要诱发因素。举例如下。

某公司基建部经理岗位职责：

1. 负责基建工程询价；

2. 负责基建工程队选择报批；

3. 负责基建预算报批；

4. 负责基建合同草签；

5. 负责基建施工管理；

6. 负责组织基建工程验收；

7. 负责组织基建工程结算报批；

8. 负责基建合同、基建档案管理；

9. 遵守公司的规章制度；

10. 完成上级交办的其他工作。

这个基建部经理在工作过程中可能发生的不合规高风险有哪些，实质就是他在工作过程中有些什么权力，因此，我们要识别基建部经理到底可以行使哪些权力，才能够知道他所在的岗位面临的合规风险。

怎么识别岗位职责中的各种权力？我们需要知道权力清单具体包括哪些方面。这里，我们主要利用"企业八项权力模型"来进行识别。

对照"企业八项权力模型"，识别该基建部经理的岗位有以下的权力和行权内容清单（见表3）。

一是采购权，行权内容清单：

1. 负责基建工程询价；

2. 负责基建工程队选择报批；

3. 负责基建合同草签。

二是计量权，行权内容清单：

1. 负责基建预算报批；

2. 负责组织基建工程结算报批。

三是放行权，行权内容清单：

1. 负责基建施工管理；

2. 负责组织基建工程验收。

四是掌握关键信息权，行权内容清单：

1. 由于他负责工程询价，因此他掌握基建工程内部价格；

2. 由于他负责基建工程队选择报批，因此他掌握基建工程的其他投标人信息；

3. 由于他负责基建预算报批，因此他掌握基建工程的内部预算量；

4. 由于负责组织基建工程结算报批，因此他掌握基建工程的最终内部预算量。

表 3 岗位关键权力识别

公司名称：某某公司

岗位名称：基建部经理　　　　　　　　　　　　　　　姓名：张某某

权力名称	是否有以下权力	行权内容清单（合规风险源）
审批权	否	
市场客服与销售权	否	
人事权	否	
采购权	是	1. 负责基建工程询价 2. 负责基建工程队选择报批 3. 负责基建合同草签
放行权	是	1. 负责基建施工管理 2. 负责组织基建工程验收
计量权	是	1. 负责基建预算报批 2. 负责组织基建工程结算报批
财务资金权	否	

权力名称	是否有以下权力	行权内容清单（合规风险源）
掌握关键信息权	是	1. 由于他负责工程询价，因此他掌握基建工程内部价格 2. 由于他负责基建工程队选择报批，因此他掌握基建工程的其他投标人信息 3. 由于他负责基建预算报批，因此他掌握基建工程的内部预算量 4. 由于负责组织基建工程结算报批，因此他掌握基建工程的最终内部预算量

以上这四项权力 11 项具体行权内容清单，足以让一个不自觉的人走向违规甚至腐败的深渊。

（二）形成企业内部权力分布地图

按照以上的识别表和岗位关键权力合规风险源识别法，运用"企业八项权力模型"识别岗位职责内容中授予的具体行权内容清单，企业上下其他各岗位人员也按照其岗位的职责内容，识别各岗位上拥有的权力，形成行权内容清单。完成后，企业合规管理部门进行统计汇总。

企业合规管理部负责将各岗位报送的岗位权力识别情况进行汇总，形成企业岗位关键权力识别统计表，见表 4。

表 4 企业岗位关键权力识别统计

单位名称：　　　　　　　　　　　　　　　　　　　　　　单位：项

姓名	岗位	审批权	市场客服与销售权	人事权	采购权	放行权	计量权	财务资金权	拥有关键信息权
张三	公司党委书记	25							25
李五	公司董事长	30							30

姓名	岗位	审批权	市场客服与销售权	人事权	采购权	放行权	计量权	财务资金权	拥有关键信息权
李四	公司经理	22							22
王五	采购部经理	3			3				5
张六	人力经理	3		4					6
张某某	基建经理				3	2	2		4
陈东	出纳							1	

表 4 体现了企业内部各岗位的权力分布。按照权力—合规风险源—合规风险的逻辑对应关系，这张岗位关键权力分布表是企业合规风险源分布表，也是企业合规风险点的分布表。

四 匹配合规风险源对应的"规"并定义 具体合规风险

运用不合规行为发生存在规律，即不合规行为发生铁三角定律——权力 + 不良动机 + 业务机会 = 不合规行为，我们围绕岗位职责内容，按照岗位关键权力合规风险源识别法，识别出企业内部各岗位人员掌握的权力和行权内容清单。

现在进行准确识别企业合规风险的第三个工作：匹配合规风险源对应的"规"并定义具体合规风险。主要包括两项具体工作，一是匹配合规风险源对应的"规"，二是定义具体合规风险。

（一）匹配合规风险源对应的"规"

匹配合规风险源对应的"规"，即根据表 3 岗位人员掌握的权力和行权内容清单，找到企业总部和经营所在国家、监管机构、行业协会等制定的针对这个权力规范行使的法律法规、所在社会公序良俗、道德规范和企业的合规承诺。一项一项的行权内容清单匹配对应的"规"。

企业内部应当建立和持续维护一个合规义务数据库，包括三个子数据库：一是与本企业生产经营适用的国家、部委、行业协会发布的法律法规、条例、行业自律规定等，是对企业的行为硬约束具有强制性的合规要求；二是企业总部和经营所在国家、社区需要遵循的公序良俗、道德规范、文化习惯等，是对企业行为的软约束，但依然具有强制性的合规要求；三是企业自愿向客户、监管方、合作伙伴、企业员工等作出的产品、服务的技术、质量、绿色等方面的合规承诺。这三个方面的合规要求和合规承诺构成了企业的全部合规义务。

匹配合规风险源对应的"规"的过程即某一项权力的正确行使过程受到哪些合规义务约束与规范，匹配合规风险源对应的"规"的情况见表5。

表5 岗位关键权力匹配合规义务梳理

公司名称：某某公司

岗位名称：基建部经理　　　　　　　　　　　　　　姓名：张某某

权力名称	是否有以下权力	行权内容清单	权力匹配的合规义务
审批权	否		
市场客服与销售权	否		
人事权	否		
采购权	是	1. 负责基建工程询价 2. 负责基建工程队选择报批 3. 负责基建合同草签	1. 国家和国家发改委、住建部、所在省市颁布的采购方面的法律法规清单；2. 反商业贿赂规定、合规从业规定等；3. 公司向用户承诺的采购零质量缺陷、绿色环保采购承诺（应该列出更加详细的合规清单）

续表

权力名称	是否有以下权力	行权内容清单	权力匹配的合规义务
放行权	是	1. 负责基建施工管理 2. 负责组织基建工程验收	1. 国家和国家发改委、住建部、所在省市颁布的工程验收方面的法律法规清单；2. 反商业贿赂规定、合规从业规定等；3. 公司向用户承诺的 100% 质量验收合格率（应该列出更加详细的合规清单）
计量权	是	1. 负责基建预算报批 2. 负责组织基建工程结算报批	1. 国家和国家发改委、住建部、所在省市颁布的工程计量方面的法律法规清单；2. 反商业贿赂规定、合规从业规定等；3. 公司内部承诺的工程计量误差控制在预算正负 5%（应该列出更加详细的合规清单）
财务资金权	否		
掌握关键信息权	是	1. 由于他负责工程询价，因此他掌握基建工程内部价格 2. 由于他负责基建工程队选择报批，因此他掌握基建工程的其他投标人信息 3. 由于他负责基建预算报批，因此他掌握基建工程的内部预算量 4. 由于负责组织基建工程结算报批，因此他掌握基建工程的最终内部预算量	1. 包括《中华人民共和国保守国家秘密法》《中华人民共和国保守国家秘密法实施条例》等相关保密法律法规；2. 反商业贿赂规定、合规从业规定等；3. 公司内部的保密工作管理办法（应该列出更加详细的合规清单）

通过表 5，我们在岗位、岗位职责、八项权力、合规义务之间建立了一种一一对应的逻辑关系。

（二）定义具体合规风险

找到合规风险源，同时找到对应合规风险源要合的"规"的具体内容，就可以找出企业在某项业务执行过程中可能会遇到的合规风险，即可以定义具体的合规风险内容。准确定义合规风险，能够帮助企业管理者制定科学的合规风险控制措施。

表 6 最右边栏"定义具体合规风险"即该基建岗位对应的"具体合规风险"清单。在企业生产经营活动中，企业各岗位上分布的关键权力会由岗位上的责任人频繁反复行使，意味着合规风险源会时时激活对应的合规风险。

表 6　岗位关键权力具体合规风险定义

公司名称：某某公司

岗位名称：基建部经理　　　　　　　　　　　　　　姓名：张某某

权力名称	是否有以下权力	行权内容清单	权力匹配的合规义务	定义具体合规风险
市场客服与销售权	否			
审核权	否			
人事权	否			
采购权	是	1. 负责基建工程询价 2. 负责基建工程队选择报批 3. 负责基建合同草签	1. 国家和国家发改委、住建部、所在省市颁布的采购方面的法律法规清单； 2. 反商业贿赂规定、合规从业规定等； 3. 公司向用户承诺的采购零质量缺陷、绿色环保采购承诺	1. 隐瞒基建工程真实询价情况，掺水或缩水工程实际报价，为回扣和打压创造条件 2. 选择基建工程队存在裙带、利益关联、利益冲突关系，为后面围标、串标、陪标创造条件 3. 基建合同缺失关键条款，或者关键条款模糊，或与招标文件合同条款不一致等

续表

权力名称	是否有以下权力	行权内容清单	权力匹配的合规义务	定义具体合规风险
放行权	是	1. 负责基建施工管理 2. 负责组织基建工程验收	1. 国家和国家发改委、住建部、所在省市颁布的工程验收方面的法律法规清单；2. 反商业贿赂规定、合规从业规定等；3. 公司向用户承诺的100%质量验收合格率	1. 基建施工管理过程中吃拿卡要 2. 基建工程验收中修改技术参数、修改报告、收买技术质量验收人员等
计量权	是	1. 负责基建预算报批 2. 负责组织基建工程结算报批	1. 国家和国家发改委、住建部、所在省市颁布的工程计量方面的法律法规清单；2. 反商业贿赂规定、合规从业规定等；3. 公司内部承诺的工程计量误差控制在预算正负5%	1. 完成的基建预算可能存在虚增预算、重复计项计量、偏离合同要求和合同范围计量等 2. 基建工程结算可能存在虚增预算、重复计项计量、偏离合同要求和合同范围计量等
财务权	否			
掌握关键信息权	是	1. 由于他负责工程询价，因此他掌握基建工程内部价格 2. 由于他负责基建工程队选择报批，因此他掌握基建工程的其他投标人信息	1. 包括《中华人民共和国保守国家秘密法》《中华人民共和国保守国家秘密法实施条例》等相关保密法律法规；2. 反商业贿赂规定、合规从业规定等；3. 公司内部的保密工作管理办法	1. 提前透露掌握基建工程内部价格 2. 提前透露基建工程队和其他投标人信息 3. 提前透露基建工程的内部预算量 4. 提前透露基建工程的最终内部预算量

续表

权力名称	是否有以下权力	行权内容清单	权力匹配的合规义务	定义具体合规风险
掌握关键信息权	是	3. 由于他负责基建预算报批，因此他掌握基建工程的内部预算量 4. 由于负责组织基建工程结算报批，因此他掌握基建工程的最终内部预算量		

到这里为止，基于岗位，我们就完成了识别岗位关键权力、识别合规风险源、识别合规风险的全部过程。

企业各岗位履职过程中可能出现的具体合规风险被定义出来后，企业管理者即可以对照具体的合规风险内容，根据自身条件和外部环境，围绕企业发展战略，确定风险偏好、风险承受度、风险管理有效性标准，选择风险承担、风险规避、风险转移、风险转换、风险对冲、风险补偿、风险控制等适合的风险管理工具的总体策略，并确定风险管理所需人力和财力资源的配置原则，有针对性地确定应对合规风险策略，并制定具体的化险措施。

五　合规风险敞口系数量化

合规风险敞口是指合规风险程度的大小，合规风险敞口系数量化指对合规风险程度的大小用系数的方式进行度量。根据合规风险的触发机制，我们将重点围绕"权力"合规风险源，尝试开展合规风险敞口系数量化。

（一）权力大小度量

权力大小与合规风险高低紧密相关，权力是指支配利益分配或资源调配的强制性力量，大的权力，产生的合规风险更大，反之，产生的合规风险偏小，合规风险的高低与权力大小整体上呈正相关。如何度量权力大小？行使权力过程的构成要素如图 1 所示。

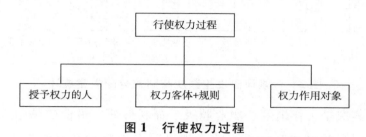

图 1　行使权力过程

图 1 中，授予权力的人是掌握利益或资源的人，权力客体是指某种利益或资源，规则是将利益或资源给"受益人"的分配/调配规则，权力作用对象是希望获得利益或资源的人或法人，是行使权力的"受益人"。行使权力的过程就是授予权力的人将掌握的利益或资源通过某种规则分配/调配给权力作用对象——"受益人"的过程，权力是这一分配/调配过程的强制性力量。权力大小，要从权力定义来分析，权力大小与分配的利益、调配的资源有关系，同时与分配/调配的支配力有关系。

1. 利益分配与合规风险发生的关系

经过违规案例案情内容分析，在企业生产经营活动中，行使权力分配给"受益人"的利益主要包括货币收益、工作绩效、职业职级、福利待遇、个人荣誉等类型。从统计案例案发频次涉及的利益分类可知，分配的利益内容不同，合规风险发生频次也不同，从发生不合规频次的利益统计来看，各利益分配内容与合规风险发生频次降序排列如图 2 所示。

从图 2 可以看出，分配货币收益的权力最容易发生滥用而出现

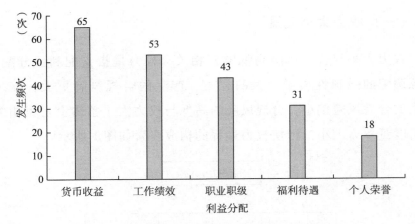

图 2　合规风险发生频次与利益分配内容统计

违规，其次是工作绩效、职业职级、福利待遇，最低的是个人荣誉。对于不同利益内容对应不同的合规风险发生频次，我们导入利益分配诱惑系数来衡量，行使权力分配的利益内容不同，诱惑合规风险发生的系数也不同，按照图 2 数据，可以赋予不同的诱惑系数（此处为系数的分档，非数值，下同）：货币收益诱惑系数为⑥，工作绩效诱惑系数为⑤，职业职级诱惑系数为④，福利待遇诱惑系数为③，个人荣誉诱惑系数为②。诱惑系数越大，合规风险发生的可能性越高。

2. 关于资源调配与合规风险发生的关系

经过违规案例案情内容分析，在企业生产经营活动中，行使权力调配给"受益人"的资源主要包括财务资源、物资资源、人力资源、荣誉政策（即通常所说的人、财、物和先进评比指标、优惠政策等）。资源调配一般发生在上下级单位之间，这是一种特殊的"利益分配"。这种资源调配一般是通过某种规则将资源调配给下级单位而不是分配给个人，也可以是行业协会、政府机构通过某种规则调配某种资源给企业。在资源集中管理框架下，政府机构、行业协会、上级单位会控制资源调度，企业和下级单位为了本单位的发展和荣誉，希望能够获得更多的发展资源和荣誉指标，为此，企业和下级单位可能会向政府机构、行业协会、上级单位掌控资源、有权力影响资源调配的人员"行贿"，当然，掌握资源调配权的人若心里存在不良动机，也会"索贿"，这便是资源调配引起的贿赂腐败违规的原理。根据发生违规的调配资源内容统计结果，将各调配的资源内容与合规风险发生频次统计降序排列如图 3 所示。

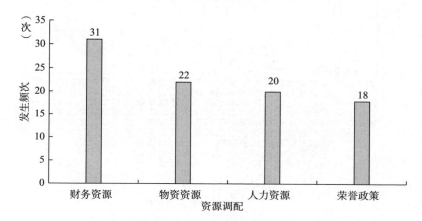

图 3　合规风险发生频次与资源调配内容统计

从图 3 可以看出，调配财务资源的权力最容易发生滥用而出现腐败违规，其次是物资资源、人力资源，最低的是荣誉政策。对于不同资源内容对应不同的合规风险发生频次，我们也同样可以导入资源调配诱惑系数来衡量，行使权力调配的资源内容不同，诱惑合规风险发生的系数也不同，按照图 3 数据，可以赋予不同的诱惑系数：财务资源诱惑系数为③，物资资源诱惑系数为②，人力资源诱惑系数为②，荣誉政策诱惑系数为②。按照图 3，我们认为后三者的诱惑力是一样的，因此都赋予②的系数。诱惑系数越大，合规风险发生的可能性越高。

3. 关于利益分配、资源调配支配力与合规风险发生的关系

利益分配、资源调配权力并不是只有领导岗位才有。对大量的贿赂、腐败违规、违规案例进行案情阅读与分析发现，普通岗位的人收受贿赂、发生腐败的情形大有存在。对不同岗位人员案发频次进行统计，如图 4 所示。

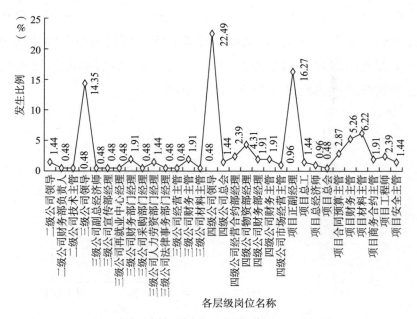

图 4　合规风险发生与各级岗位的关系

从图 4 可以看出，各级岗位都可能出现贿赂、腐败违规引起的舞弊等不合规事件，并非只有领导岗位才会发生。

在后来的深入案例研究中发现，不同的岗位职责角色，案发的频次是不同的，按照降序排列，如图 5 所示。

图 5 表明，职责角色所处位置越高，案发频次越高，因为职责角色越在高位，代表其对利益分配、资源调配的支配力越占优势，不同的职责角色，对利益分配、资源调配的支配力是不同的，存在绝对支配和相对支配两种支配力，我们可以根据不同职责角色的案发频次，给这样的支配力赋予不同的百分比。关于领导岗位，有的领导岗位有审批权，对利益分配、资源调配有 100% 的绝对支配力；有的领导岗位有分管审核权，极大程度上能够决定利益分配、资源调配，按照图 5 的案发频次，估计有 80% 的支配力；部门负责人有60% 的支配力，业务主管有 50% 的支配力，业务主管下的业务主办

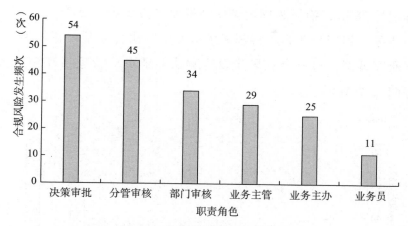

图 5　合规风险发生与职责角色关系

有 40% 的支配力，一线业务员有 20% 的支配力。按照 10 分赋值法，决策的支配力⑩，分管的支配力⑧，部门领导支配力⑥，业务主管支配力⑤，业务主办支配力③，业务员支配力②。

（二）频次因素

频次指的是发生合规风险对应的工作事项一定时期的工作次数，或叫频率。频次一般以一年为统计周期。

工作事项其实就是其业务、管理活动，这些活动的发生有固定频次和非固定频次两种，业务、管理活动的发生为固定频次时，往往为人工控制，如财务做月报、季报、年报，均为企业内部人工控制的固定频次，业务、管理活动的发生为非固定频次时，往往为市场和客户需要引起的业务活动或管理活动，如售后客服、售后投诉。

固定频次发生的业务、管理活动可按每年发生 1 次、每半年发生 1 次、每季发生 1 次、每月发生 1 次、每旬发生 1 次、每周发生 1 次、每日发生 1 次、每日发生多次划分为不同的频次区间。

对于非固定频次活动，可以按照过去年度或某一段时间业务发生次数，确定年度业务发生的次数，进而确定业务当前的发生频次。如 2019 年 1~3 月发生售后投诉 7 次，则可以换算为全年发生售后投诉预计 28 次，换算为固定频次，即每月发生频次 2.3 次。

业务、管理活动频次与合规风险发生频次存在某种正相关关系，根据研究案例，形成合规风险发生频次与业务、管理活动频次关系趋势图（见图 6）。

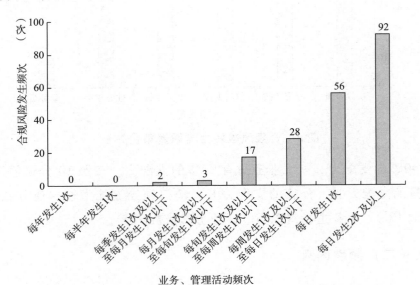

图 6 合规风险发生与业务、管理活动频次关系

业务、管理活动包括权力对应的工作事项和利益管理活动、利益冲突情形工作事项实施。从图 6 可知，业务、管理活动频次高，合规风险发生的案例也多，根据图 6，我们定量、定性地形成业务、管理活动频次与合规风险发生可能性对照表，详见表 7。

表 7 业务、管理活动发生频次与合规风险发生可能性对照

固定频次	合规风险发生可能性	非固定频次	合规风险发生可能性
每年发生 1 次	低	1 次	低
每半年发生 1 次	低	2 次、3 次	低
每季发生 1 次及以上至每月发生 1 次以下	低	4 次≤N<11 次	低

续表

固定频次	合规风险发生可能性	非固定频次	合规风险发生可能性
每月发生 1 次及以上至每旬发生 1 次以下	中	12 次 ≤ N < 35 次	中
每旬发生 1 次及以上至每周发生 1 次以下	中	36 次 ≤ N < 52 次	中
每周发生 1 次及以上至每日发生 1 次以下	中	53 次 ≤ N < 365 次	中
每日发生 1 次	高	366 次 ≤ N < 729 次	高
每日发生 2 次及以上	高	730 次 ≤ N	高

根据表 7，可以对业务、管理活动发生频次导致合规风险发生可能性的系数进行赋值，共分三个系数档：

每日发生 1 次及以上，合规风险发生的可能性为高，系数赋值为③；

每月发生 1 次及以上到每日发生 1 次以下，合规风险发生可能性为中，系数赋值为②；

每年发生 1 次到每月发生 1 次以下，合规风险发生可能性为低，系数赋值为①。

（三）权力对象驱动因素

前面已经提到，行使权力的过程就是被授予权力的人将掌握的利益或资源通过某种规则分配/调配给权力作用对象——"受益人"的过程。受益人对于被授予权力的人合规风险行为的发生存在驱动作用。

对案件的研究发现，权力作用对象驱动合规风险发生的路径可以归纳为四类。

一是企业外部合作方直接驱动。这种往往是企业内部被授予权力的人员直接与企业外部合作方博弈和交流。他们与企业的合作主要是以货币收益为目标的合作，也可能是为了其他受益而进行的合作，多数是前者。在货币收益的驱动下，可能实施行贿、舞弊、虚假包装等违规操作，其中的贿赂、腐败违规行为以与企业被授予权力的人之间的利益交换成交为目的。

二是企业外部合作方间接驱动。这种往往是企业内部被授予权力的人员不直接与外部合作方博弈和交流，而是通过企业内部直接接触的人，建立间接连接关系，企业内部直接接触的人往往成为企业外部合作方的"代理人"，通过"代理人"牵线搭桥，对被授予权力的人实施贿赂、腐败违规。

三是企业内部直接驱动。这种是发生在企业内部的不同管理单元之间，权力行使的"受益人"是企业内部的个人和组织，比如上级业务分管部门检查下级业务部门，上级领导检查下级单位，上级人力部门考核下级单位和个人等，双方是直接交流沟通关系。

四是企业内部间接驱动。这种是发生在企业内部的不同管理单元之间，但是，"受益人"不直接面对被授予权力的人，"受益人"与被授予权力的人是通过企业内部"中间人"联系起来的。

在诸多的贿赂、腐败违规案例中，经过对贿赂、腐败违规发生的路径依赖、起因描述和所做的问卷调查，我们发现四种情况有一定的规律，如图7所示。

从图7可以看出，企业内部被授予权力的人与"受益人"直接沟通，达成贿赂、腐败违规交易，发生的合规风险案例较多，可能是因为自以为"天知地知，你知我知"。当被授予权力的人与"受益人"之间基于工作流程因素，中间存在一个或多个中间人实施工作时，贿赂、腐败违规发生频次，无论是外部的，还是内部的，均显著降低。因此，被授予权力的人实施工作时，直接面对的对象是受益人与否，比较容易影响合规风险发生的可能性。

按照这个统计规律，我们可以对权力作用对象与被授予权力的人之间的直接、间接关系导致合规风险发生可能性的驱动系数进行

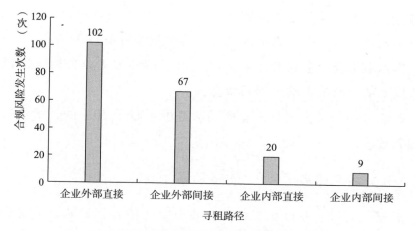

图 7　合规风险发生与寻租路径选择关系

赋值，共分四个系数档：

企业外部合作方直接驱动系数为④；

企业外部合作方间接驱动系数为③；

企业内部直接驱动系数为②；

企业内部间接驱动系数为①。

（四）风险影响范围因素

风险影响范围因素实质是评估合规风险发生后的影响范围。如果是权力作为风险源，这个范围是指权力行使对应工作事项的业务服务范围，比如公司的集采管理，如果集采权力对应的集采工作事项是指公司及下属单位所有的物资采购，那么该集采权力行使出现的合规风险影响范围为全公司；又比如小张负责公司总部库区的进出门管理，如果他利用手中的库区进出门放行权力"吃拿卡要"，则影响范围就是公司总部库区，其影响范围不会扩展到下属单位的库区进出门管理。

合规风险发生后的影响范围越大，后果就越严重，给企业带来的损失就越大。

按照这个关联关系，我们可以对合规风险发生可能影响的不同范围进行赋值，共分三个系数档：

影响范围涉及全公司范围的，赋值影响范围系数③；

影响范围涉及公司某一业务线全部范围和覆盖业务线全部范围 50% 以上的，赋值影响范围系数②；

影响范围涉及公司某一业务局部范围不高于 50% 的，赋值影响范围系数①。

（五）后果因素

后果包括对业务目标影响、合规风险防控目标影响、人员影响和企业声誉影响。

1. 业务目标影响

在实践中，合规风险对业务目标的影响主要表现为三种程度，一是直接影响业务目标实现；二是不影响业务目标实现，但直接产生有形损失，如财产、资金损失；三是只违反合规规定，但不影响业务目标实现，也不直接产生有形损失。

按照以上负面影响程度不同，确定合规风险发生对业务目标的影响，分为三个系数档：

③高——直接影响目标实现；

②中——目标能实现但直接产生有形损失；

①低——只违反合规规定。

2. 人员影响

人员影响主要表现为三种程度：一是直接给个人带来违法犯罪事实，给公司负责人、分管领导、部门管理层带来领导、分管、管理控制不力的严重问责；二是给个人带来严重违纪的重处分、作出重大职务调整的问责，给公司负责人、分管领导、部门管理层带来领导、管理控制不力的问责；三是给个人带来违纪、轻违纪的处分、批评，给公司分管领导、部门管理层带来分管领导、部门管理控制不力的约谈。

按照以上负面影响程度不同，确定合规风险发生对人员的影响，分为三个系数档：

③高——违法犯罪量刑和对领导严重问责；

②中——重处分、重大职务调整和对领导问责；

①低——违纪、轻违纪处分、批评和对领导约谈。

3. 企业声誉影响

企业声誉影响是指对企业产生在市场、企业外部相关方、内部方面的负面影响，主要表现为三种程度：一是给公司带来在市场、企业外部相关方等方面的公开负面影响，如影响市场投标、市场信用等；二是给公司带来非公开负面形象影响，在市场、企业外部相关方等方面，没有产生公开的负面评价，但受到上级公司、主管机构的内部批评；三是没有给公司带来公开的形象损坏和不公开的内部形象影响，只是一次合规风险发生事项，在公司内部批评，或在公司内业务系统内批评。

按照以上负面影响程度不同，确定合规风险发生对企业声誉的影响，分为三个系数档：

③高——产生企业外部公开负面影响；

②中——产生非企业外部公开，但受到上级公司、主管机构的内部批评的影响；

①低——产生非企业外部公开、非内部上级、主管机构内部批评，在公司内部批评的影响。

总　结

经过实证案例研究与统计分析，得出权力引起的合规风险敞口系数 = 权力诱惑系数（支配内容 × 支配力）× 行权频次系数 × 权力对象驱动系数 × 风险影响范围系数 × 后果系数（目标影响 + 人员影响 + 企业声誉影响）。

跨国企业全球 ESG 合规组织架构

王　爽　胡国辉[*]

近年来，越来越多的央企响应国家"一带一路"倡议和中央企业"走出去"号召，加快了"走出去"的步伐。央企参与的国际投资和国际工程的规模不断扩大，项目复杂程度不断提高，产业链条不断延长，业务范围逐渐遍及全球。特别是在非洲、南亚、东南亚等重点区域，央企优势尤其明显，占据了较大的市场份额。

因此，央企越来越多地受到来自东道国政府和民众、国际组织和媒体的关注，有的项目甚至被拿着"放大镜"进行重点审视。央企 ESG 合规经营的能力变得日益重要，一旦出现违规违法情况，企业有可能受到严厉的处罚和制裁，不仅容易造成经济损失，甚至可能导致企业声誉严重受损。越来越多的央企设置了综合性的合规部门，对企业 ESG 等领域的合规工作进行全面的管理。

有些央企未设置综合性的合规部门，而是通过各专业部门对 ESG 等专项合规进行管理。欧美跨国企业在全球化布局方面起步较早，其全球合规部门的组织架构对央企 ESG 专项合规管理具有参考价值。

---

*　王爽，黑龙江省高级人民法院审判管理办公室法官助理，从事司法统计和司法大数据分析；胡国辉，北京在礼合规信息技术有限公司执行董事，《合规管理体系　要求及使用指南》（GB/T 35770—2022/ISO 37301：2021）主要起草人。

一 合规部门在企业中的定位及组织架构类型

（一）跨国公司组织架构的主要类型

跨国公司组织架构的演变经历了出口部、国际业务部、全球性组织架构三种形式。20 世纪 60 年代中后期，越来越多的跨国公司采用全球性组织架构，其意味着跨国公司要建立更加复杂的内部结构。跨国公司可以按职能、产品线、地区设立总部，也可以将职能、产品线、地区三者作为不同的维度建立矩阵结构。

1. 职能总部组织架构

在公司总部内，设立不同的职能总部分别负责公司某一方面的经营管理活动。每个职能总部承担特定职能，并直接向公司总部报告，公司总部集中精力协调各部门的职能（见图 1）。

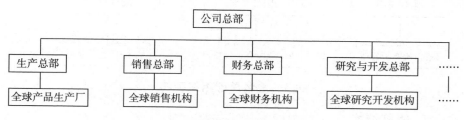

图 1 职能总部组织架构

2. 产品线总部组织架构

公司按产品种类设立总部，同一类产品归相关的产品线总部领导。这种组织形式适合产品系列复杂、市场分布广泛、技术要求较高的跨国公司（见图 2）。

3. 地区总部组织架构

跨国公司按地区设立总部，各地区总部负责协调和支持所在地区内所有分支机构的所有活动。在这种组织架构下，母国总部及所属职能部门进行全球性管理，地区总部只负责该地区的经营事务，

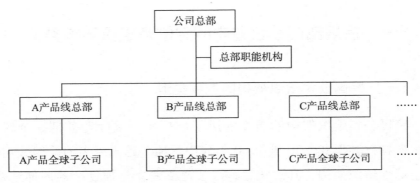

图 2 产品线总部组织架构

控制和协调该地区内的经营性职能（见图 3）。

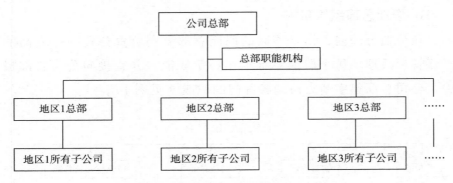

图 3 地区总部组织架构

4. 矩阵结构

职能总部、产品线总部、地区总部三种组织架构虽然加强了总部的集中控制，把国内和国外业务统一起来，但是这些形式是一个部门（总部）负责一方面业务的专门负责制，不能解决和协调各职能部门、各产品部门、各地区之间的相互关系，单渠道信息传递的特点也不利于竞争。为了解决这一问题，不少巨型跨国公司采取将职能、产品线、地区三者结合起来的矩阵式组织结构（见图 4）。

（二）合规部门的功能定位

作为企业整个组织中的一个职能部门，合规部门关注合规义务

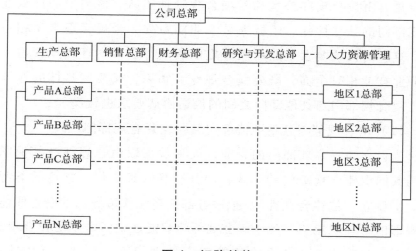

图 4　矩阵结构

的履行。在组织授权下，合规部门调动相关资源，持续关注企业内外部环境，协调企业内部各业务部门和职能部门，制定合规政策、具体管理制度和流程，并对业务流程进行管控，以达到预防、发现和应对合规风险并且建立企业合规文化的目的。

（三）合规部门组织架构

跨国经营的企业可以根据企业整体的组织架构类型，设置合规部门。

1. 依托于职能总部组织架构设置合规部门

企业如果选择职能总部组织架构，可以设立负责合规工作的职能总部。合规职能总部承担着执行合规相关工作的职能并且有直接向公司总部报告的责任。根据合规职能总部是否与其他部门合署，可以分为以下两类。

（1）设立独立的合规部门

采用设立独立合规部门的方式，意味着企业要在内部建立一个专业的合规部门，任命首席合规官作为企业合规管理总负责人，首席合规官下设合规办公室和专项合规管理团队。该类型的优点在于合规部门的独立性强，团队人员专业能力强，合规管理工作相对深入。这样的设置要求企业投入一定的资金等资源，且合规管理人员的职业技能相对全面，既要懂合规专业知识，又要懂具体的业务知识，对合规部门与其他部门之间的沟通协调要求也较高。

（2）由合规部与其他职能部门共同组建合规部门

未设立独立合规部门的企业，大多数采取由合规部与其他职能部门共同组建合规部门的方式，展开合规管理工作。常见的类型如下。①设立"法律合规部"。把法务部或者法律事务部的管理职能与合规部的管理职能统一到法律合规部门职能之中，由"法律合规部"对企业的法律事务工作和合规管理工作进行统一管理。②由法律、审计、风险管理、合规等职能部门共同组建"法律合规部"。在原有的法律、审计部基础上增加合规管理人员，组建具有法律、审计、风险管理职责在内的"法律合规部"，这种组织架构易于在企业内部建立。③设立"公司治理、风控和合规部"，也称为"GRC"。这种设置方式融合了公司治理、风险控制与合规管理。④设立合规部与审计部结合的"合规审计部"。这种设置方式便于企业对合规风险进行全面管理，企业可以通过较少的投入达到合规管理的目的。

2. 依托于产品线总部组织架构设置合规部门

采用产品线总部组织架构的企业，将同一类产品都归于一个产品线总部领导，合规部门分散在各个产品线总部中。各个产品线的类型和主要合规风险不尽相同，因此各合规部门之间的联系较少且合规重点领域不同。

3. 依托于地区总部组织架构设置合规部门

采用地区总部组织架构的企业，通常在某一区域或国家建立一家或几家子公司。母公司总部及所属职能部门进行全球性经营决策，而地区总部只负责该地区的经营，控制和协调该地区内的所有工作。因此各地区总部的合规部门之间联系较少，且受区域因素的影响，合规重点领域也存在一定的差异。

4. 其他类型的合规部门

除上文介绍的几种合规部门外，还有一些其他类型的合规部门可以选择。

（1）合规管理项目组

合规管理项目组是一种灵活的组织形式，没有正式的编制，主要由各个部门中抽调相关领域的专家组成。在合规管理人员的引导和组织下，项目组成员就新话题或不同的业务需求进行讨论。项目组持续的时间往往不超过一年，成员完成项目后回到自己的部门。

（2）合规管理网络

合规管理网络由合规部门牵头，在各个部门中挑选业绩突出、合规表现良好的员工作为合规管理网络成员，定期对这些成员进行培训，并协调他们对外部法律法规的变化进行跟踪和收集。一般来讲，合规管理网络成员聚焦于各个部门业务所面临的合规风险，通过识别相应的合规风险，上报业务部门和通知合规部门，化解本部门面临的合规风险。有时，合规部门还要组织合规管理网络成员针对重点领域和重要环节进行合规风险收集、评估，并制定应对措施，通过合规管理网络成员把应对措施传达给各个部门。

二 央企合规部门全球组织架构的现实困境

（一）央企合规部门全球组织架构的特点

相对于欧美跨国公司，央企合规部门组织架构显示出较为明显的总部和区域合规部门脱节的特点，表现为总部合规部门与业务集团或区域中的合规部门联系不够紧密。

（二）总部和区域合规部门脱节的原因

央企总部和区域合规部门脱节的根源是组织架构。央企由于产品系列复杂、市场分布广泛等原因采用产品线总部或是由于区域政策因素采用地区总部两种组织架构，此时合规部门的作用范围是该产品线和该区域，难以直接和总部合规部门产生联系。而当央企逐步落实总法律顾问制度，由集团的总法律顾问兼任公司首席合规官，进而将合规部门置于法务部门内时（采用职能总部组织架构但并未设立独立的合规部门），也会造成区域合规部门与总部合规部门的脱节。

（三）总部和区域合规部门脱节的不良后果

1. 合规信息传递不够迅速、准确

总部与区域合规部门脱节导致的最直接的后果是区域合规管理机构的信息不能迅速、如实地传递到总部。对于产品线总部和地区总部组织架构下的合规部门，其合规信息的汇报需要先经过产品线总部和地区总部，合规人员无法将报告迅速、如实、不夸张也不打折扣地呈现在决策层面前。对于在职能总部组织架构下并未独立的合规部门，其合规信息需要通过法务等部门汇报，也无法直接汇报给总部合规部门。

2. 合规工作开展困难

总部与区域合规部门脱节还会间接导致合规工作开展困难。顺利开展合规管理，从横向上看，合规管理机构要与同一层级的相关部门，例如审计、内控、纪检监察部门建立顺畅的联系和协调机制，实现部门之间的有效配合。纵向上看，合规部门在每一层级上也要与相关部门保持密切的联系。合规部门实现横向和纵向上的有效配合离不开一定的资源和适当的权力。如果合规部门不能独立掌握一定的资源，如足够多的、满足工作要求的人员和设备，就会因为资源问题而无法及时完成工作，或导致工作质量降低，甚至受制于公司内部部门，丧失独立性，难以有效开展工作。同样，合规部门如果不具备适当权力，则难以参与、推进公司内部的管理工作，完成

调查任务。资源和权力不是天然存在的，需要总部合规部门为区域合规部门争取，若总部与区域合规部门之间联系不够紧密，则会导致区域合规部门资源和权力受限，进而影响相关工作开展。

3. 合规人员职业发展路径不够明确

总部与区域合规部门脱节导致的另一明显问题是合规部门人员的晋升路径不明晰。因为采用产品线总部和地区总部组织架构的合规部门往往只是这一总部中的一个职能部门，人数并不会很多。有的区域部门（如央企在某一国家的子公司）甚至只有一人专门负责合规工作。在这种情况下，合规人员在达到一定的职位级别之后难以在合规领域继续晋升，只能被迫在该区域转岗或者离职。这两种情形对于企业来说都是损失。

三 企业合规部门组织架构的成功经验

（一）戴姆勒公司的经验

经历了严重的行贿丑闻之后，戴姆勒公司建立起独立而权威的合规组织体系。合规组织由首席合规官担任负责人，与总法律顾问分设，直接向戴姆勒公司管理委员会和监事会提交报告。由首席合规官负责的合规组织，在各个业务集团和80多个地区公司中都任命了各自的合规官。这些合规官负责各自区域内的合规体系执行事宜，并向首席合规官报告工作。他们在合规部门其他人员的帮助下，开展合规管理工作。除这些合规官以外，戴姆勒公司还向各个职能部门、业务集团、业务部门、外国分公司任命或分派了数百名合规人员。为保证所有合规官和合规人员的独立性，戴姆勒公司要求他们避免在履行职责时存在利益冲突，禁止他们担任受到经济性经营结果考核的职务。

（二）GE 公司的经验

很多美国公司将合规管理作为法律部门的重要职能之一，并设立首席合规官。多数首席合规官受总法律顾问的领导，专门负责公司的合规事宜。以 GE 公司为例，总法律顾问在管理层分管合规管理，直接对公司总裁负责；规章监察部门作为职能部门负责公司合规管理，对总法律顾问负责；分区域设立独立的合规部门负责各区域合规管理具体工作，对上级规章监察部门负责。此外，GE 公司还成立了由全体高级管理层成员和业务及职能部门领导参与的合规检查委员会，每季度组织一次业务性会议，每年组织一次区域性会议，研究解决合规管理中的重大问题。

（三）外资金融机构的经验

外资金融机构合规管理主要存在两种组织结构，一种是集中化组织结构，另一种是分散化组织结构。在分支机构报告路线上，两种组织结构都包含矩阵式和条线式报告路线。

集中化组织结构的主要特点是在总行和各分支机构（或地区总部）都设有合规部门，总行合规部门是各分支机构合规部门的直接领导者。总行合规部门直接向高级管理层（总裁或董事会主席）报告，并拥有直接向董事会或其下设委员会报告的权限。这种组织结构包括设立单一、独立的合规部和与法律和风险管理等职能结合形成法律合规部或风险管理部两类。荷兰银行采用了独立的合规部加矩阵式报告路线的组织结构。荷兰银行合规部门在 2004 年与法律事务部分离，形成独立合规部，总行合规主管部门直接向董事会主席报告，分支机构合规主管采用矩阵式汇报路线，如中国区合规主管在向总行对口部门汇报的同时也要向中国区首席运营官汇报。德意志银行采取独立的合规部加条线式报告路线的组织结构，即下级合规部门直接向上一级合规部门汇报，直到汇报到高管层。渣打银行采取法务合规部加矩阵式报告路线的组织结构。其在中国区的各项合规事务由法务合规部负责，设法务合规总监、公司业务部合规经理、个人业务部合规经理、全球市场部合规经理、广州分行合规经理、上海分行合规经理、北京分行合规经理，另设几名法务经理。分支机构的汇报路线为矩阵式。

分散化组织结构的主要特点是在总行设立合规部门，但在分支机构层面并不一定设置独立的合规部门，而是在各分支机构以及业务条线上设立合规员，承担所属部门的合规职责。合规部门还会根据不同国家或区域化管理的需要设立，如中国区或亚太区合规部等。汇丰银行采用了分散化的组织结构加矩阵式的汇报路线，其每一个员工都要对职权范围内的合规管理负责，如分行行长负责本分行所辖地区的合规工作，并向区域的上级业务总监进行汇报。花旗集团则采用分散化组织结构加条线式的汇报路线。

四　央企 ESG 合规管理全球组织架构搭建的对策建议

（一）合规部门应具有组织适应性

设立合规部门会受到较多因素的影响，有区域因素（国内与国外经营环境）、行业环境因素、企业规模因素、现有组织结构和企业组织资源因素等。前文所述外资金融机构中，花旗银行和汇丰银行的零售业务、渣打银行的中小企业银行业务、德意志银行的投资银行业务各占优势，其分别根据自身的战略定位设置合理的合规管理组织结构。

因此，央企在选择合规部门组织架构时，要考虑其经营的业务性质、地域范围、监管要求等因素，合规管理机构的规模也要与合规管理任务相匹配。从成功的合规经验看，设立专门的合规部门不是合规工作开展的必要条件。一些成立时间较短、规模较小的产品线或区域，可以不设立专门的合规部门，可以由总部分派合规人员到其职能部门、业务部门、区域分公司，或由现有职能部门、业务部门、区域分公司确定人员履行合规管理职责。例如，在一些境外子公司中，法律部门、内控部门、审计部门或者财务部门单独或联合承担一部分合规管理职责。但对于组织结构成熟的央企，在设置合规部门时就应优先考虑设置独立的合规部门。

（二）合规部门工作独立

合规部门的独立性是企业开展合规管理工作应当遵守的重要原则。合规管理机构的独立性主要体现在直达决策层的报告渠道、适当的权力和充足的资源三个方面。

从前文所述跨国公司的经验可以看出，区域合规部门或人员均应能够与上级合规部门直接联系，进而实现汇报直达决策层。相反，若总部与区域合规部门无法做到与上级合规部门直接联系，则区域合规管理人员对合规问题的反馈和汇报常常仅限于区域内，或区域合规部门向总部报告需要经过其他职能部门（如法律部门）或业务部门的转达，无法实现信息的及时传递。

区域合规部门能够与总部合规部门直接联系，从而更容易获得总部在权力和资源方面的支持。当合规部门在开展合规管理工作遇到阻力时，可以通过总部赋予的权力或者调动相应的资源来保证合规管理工作顺利进行。因此，即使在央企选择了产品线总部和地区总部组织架构的情况下，也应当将区域合规部门（包含区域合规工作人员）单独列出，由总部合规部门垂直管理。

（三）建立合规专业人才内部培养机制

为了保证内部人才供应，形成合规专业人员梯队，拓宽员工的内部职业发展空间，企业可以制定合规专业人才培养方案，作为企业人才整体培养方案的组成部分。合规专业人才培养方案通常由合规部门和人力资源部门共同拟定，内容包括对本企业合规专业人才需求的现状的分析、对未来发展情况的预测、合规专业人才队伍的建设、培养方向和培养方式。

在制定针对个人的培养计划之前，企业应先对个人的能力进行测评。测评的框架可以参照本篇前文建议的合规人才能力模型。测评的方法包括过往管理经验考察、笔试、面试和公文筐考察等。

企业在合规专业人才培养中要考虑已经在合规岗位上工作的人员，也要考虑后备人才。很多企业建立了合规联络人网络。合规联络人是在合规部门之外承担一定合规管理职责的兼职人员，通常由部门负责人指定或者自己主动要求，后者有更强的学习主动性。

在培养计划开始实施后，企业可以为受训人员安排合规管理全过程体验项目、伙伴计划和教练计划等。培养的方式主要包括在岗培训、企业内部脱产培训和企业外部培训等。

全球化新态势下的 ESG 合规与企业价值管理

陈尖武*

当今世界正经历百年未有之变局，全球化大势依旧浩浩汤汤，并向着"全球本地化"的更高级阶段发展。中国企业的海外市场拓展、跨境投资并购，不管是中小企业由"专精特新"向全球"隐形冠军"的跃升，还是国有企业在国际化进程中规避"国家资本"形象可能带来的负面影响，都需要以 ESG 合规的启动和完善作为基础条件。

无论本土还是跨境投资，ESG 合规所保障的企业可持续发展，将实质性影响企业价值管理的过程和结果。全球商业领域正悄然兴起 ESG 取向浓厚的影响力投资，追求企业自身与所有利益相关者共赢共生的和谐格局。相应地，在投资决策及企业估值实践中，如何架构与 ESG 之间的桥梁，将 ESG 要素定性/定量地融入相关的评估，是一种富有潜力的探索方向。

中国企业的海外投资，正同时面向发达国家/市场和发展中国家/市场，不同市场的 ESG 合规管理重点存在明显的差异，实务中需要因地制宜，针对不同情境寻求个性化解决方案。妥善地与投资流程中的尽职调查/价值评估等专业实践环节互通互鉴，亦有利于提升 ESG 合规项目的管理质量和执行效率。

* 陈尖武，中西汇资本管理有限公司（"中西资本"）管理合伙人。

一　全球化新态势下的 ESG 合规管理要求

ESG 合规管理是中国企业面向全球市场，应对全球化新阶段、新挑战的必修实践课，也是中国企业在国际市场（例如海外投资管理实践中）展现专业形象、树立国际声誉、消除国际伙伴的戒备疑虑、获得理解和认同的强有力工具。

（一）全球化新态势：从全球分工合作到全球本地化（各区域均衡便利）

全球化的发展进程，从市场化的角度来看是以资源的最优化配置为驱动力的，随着全球资本、贸易、物流等环境条件的不断成熟完善，从最初始的各区域封闭、独立的低效状态，逐渐发展为全球产业链分工合作，各区域资源最优化配置。具体而言，就是把从研发、原材料供给、（基于人力及不断自动化的）生产制造，到面向市场终端的营销等自上而下的产业价值链各个环节，分别交付给在该环节具有比较优势的各区域的经营者来实施，最终向市场递交最具经济竞争力的产品。这种全球化的蓬勃浪潮，是我们在过去几十年里深刻感受和见证到的。而改革开放四十多年来，中国企业也在全球价值链分配和产业链分工中逐渐确立了自己的角色定位及比较优势，尤其是加入 WTO 二十多年来，其全球化融入度和比较优势的动态演变越发深入和剧烈。

理论上说，上述全球分工合作及资源优化配置的状况发展到一定程度，当市场相关资源足够充足时，将最终迈向全球各区域均衡便利模式——"全球本地化"，即任一局部区域或属地都全方位拥有产业链各环节的所有必需要素，能够便利高效地实现生产与需求的无缝衔接，即时可达地满足自身区域市场的需求。从终端消费体验来看，这自然是非常理想和高效的状态，但常规来说，忽视全球分工合作所固有的经济效用优势和极大的性价比特征，而一味追求即时可达的需求满足便利，其驱动力是相对有限的。从这个意义上说，全球分工合作到全球本地化将会是一个漫长渐进的过程。图1简化示意了这种全球化的发展进程。

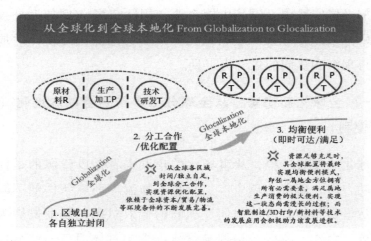

图 1　全球化发展进程简化示意

资料来源：《中西资本，策略与理念》，内部文件，2021 年。

而 2020 年突袭而至的新冠疫情成为"全球本地化"的加速剂，疫情初期全球物流供应的突发障碍（物理交通阻断），将依赖于区域外供应链所引致的风险，猝不及防且夸大化地展现在全球各区域的政府、市场、消费者面前，从而引发了市场对上述全球各区域均衡便利——"全球本地化"的空前关注和向往。典型的表现包括市场上一度出现的对中国供应链过分依赖的担心甚至排斥，某些"去中国化""与中国脱钩"的偏激主张以及关于逆全球化趋势的消极预期。

尽管从全局视角来看，逆全球化仅偏于临时表象，"去中国化"也更多地表现为一种感性的担忧心理。然而从长远来看，"潘多拉魔盒"一旦打开，"全球本地化"便需要被提前重视并纳入发展议程。当今时代，智能制造、3D 打印等数字化科技以及新材料等技术的快速发展应用将会助推"全球本地化"的进程，在全球各地和局域范围内重新布局并补充其产业链中业已缺失环节的现实可行性正在增强。国际环境方面，欧美等国家和地区对外来投资持更审慎的态度，加强了相应的监管审查，中国企业"走出去"面临更大的不确定性风险。

（二）ESG 合规管理：应对和适应全球化新态势的必备工具和必由路径

全球化新态势下，跨境投融资的策略也需要动态地调整优化。面对西方国家对外来投资收购的敏感性和限制性加强，以及重构、完善本区域供应链的倾向，中国企业的海外投资也要走相应的"本地化"路线，即海外投资收购实践中，除了将标的公司优势带回中国市场，更要深入关注并实质推行"本地化"策略，加强在海外的落地投资、本土融入和国际化经营。不能像过去，每收购一个企业，就将其厂房设备直接拆卸运回中国，而是要真正地融入当地的经济和民生，服务本地的产业链构建和供应链完善，造福当地的民众。与"本地化"策略相应，遵守和适应当地的 ESG 合规要求便是不可逾越的先决条件。

有海外投资动力的中国企业中，不可被忽视的是中小企业群体。当前中国对中小企业的培养和发展，从国际化角度来看，正在尝试选择与以德国为代表的全球"隐形冠军"企业对标，并相应地推出了"专精特新"及小巨人、制造业单项冠军等不同梯次的优质企业培养计划，终极目标是使之成长为真正意义上的全球"隐形冠军"。

根据"隐形冠军"之父赫尔曼·西蒙（Hermann Simon）教授的观点，成为全球"隐形冠军"除了要有坚定的志向之外，还要有专注、创新、全球化这三项必要条件。因为专注在一个极度细分的产业领域，其产品和服务在每个区域市场的潜在容量都较为有限（即便是像中国这样的全球最具潜力的区域市场，通常也只占全球总市场不到 20% 的份额），所以要想成为细分领域的全球冠军，必须采取全球市场覆盖策略。

与德国的"隐形冠军"企业相比，中国企业在全球化方面的差距还很大（见表 1）。对于中国优秀的中小企业和企业家来说，全球化的征程需要提前做好必修的功课，既包括企业战略、运营管理以及产业、资本、技术、市场等方面硬性资源和专业实力的储备，也包括跨文化沟通协作等方面的软性意识和技能素养的提升。ESG 合规是非常有利的工具，从环境保护、对相关利益群体的关注和尊重、企业管治的完善等方面，向国际标准看齐，为中小企业沿着全球"隐形冠军"之路的持续前行保驾护航。

表 1　中德"隐形冠军"企业全球覆盖国家数量对比

单位：个

德国"隐形冠军"			中国"隐形冠军"		
公司	产品	全球覆盖国家	公司	产品	全球覆盖国家
Hillebrand	酒精饮料物流	62	金风	风能	4
Karcher	高压清洁器	129	海利得	工业纤维	2
Germanischer Lloyd	船舶检验	130	大族激光	激光器	13
Krones	装瓶厂	90	海康威视	监视系统	28
Ottobock	假体	52	蓝思	蓝思玻璃	3
Sartorios	实验室仪器	60	迈瑞医疗	医疗技术	42

资料来源：Hermann Simon, *Hidden Champions in the Chinese Century*, Springer, 2022。

中国的国有企业在海外投资并购过程中，还常常不可避免地要面对来自海外伙伴的政治关联性评判和质疑，即海外伙伴倾向于认为中国国有企业代表政府意志，对其"国家资本"身份常怀有一定程度的心理戒备。实践中，我们需要特别向国际合作伙伴充分展示中国国有企业在市场化改革与国际接轨、企业管治体系完善与核心价值驱动等方面的决心和行动，以及取得的进展和成就，最大限度地帮助其消除顾虑、树立信心。如果处理不当，国有企业的"国家资本"形象就会成为其在海外投资并购活动中的潜在阻碍，为此中西资本特别提出了"资本外交"的责任倡议，从市场及资本管理的层面助力中国企业树立正面的国际市场形象；与此相适应，向海外相关利益方展示高水平的 ESG 合规管理水平，对于国有企业来说，将是增强信任的不二法门。

资本层面之外，更不必提中国企业在国际贸易层面将直面的ESG 合规要求和挑战。在"双碳"战略的世纪大背景下，以欧盟即将推行的碳关税为代表，向中国的出口导向型企业提出了迫切的行动要求以及具体日程，比如碳足迹、碳标签的标准遵守及认证实施，而这是 ESG 合规实践的重要一环。不管是切近的还是长远的 ESG 策略及行动，无疑都是中国企业在全球化新态势新挑战环境下，展现专业形象、赢得国际声誉、消除国际伙伴的戒备疑虑、获得理解和认同、保障自身在国际市场可持续发展的强有力工具。

二 ESG 合规与企业价值管理的紧密融合趋势

ESG 合规与企业价值管理的关系，从过去的二元并立（合规边界把控、价值内核塑造），逐渐地走向依赖融合，即 ESG 合规所保障的企业可持续发展与利益相关者的共赢生态构建，越来越受到重视并被纳入企业价值衡量和价值创造过程中，成为企业价值管理及投资决策体系不可分割的重要组成部分。相应地，企业价值评估实践将会越来越广泛地尝试将 ESG 合规相关要素定性甚至定量地转化为价值评估体系中的相关指标和参数。

（一）企业价值管理的本质与发展趋势：构筑与利益相关者的共赢生态

不论是企业的内生式发展还是外向式并购扩张，企业价值管理始终是企业战略和经营的核心诉求，因而在实践中我们可以看到各个层面多样化形式的企业价值管理呈现，比如股东层面对企业价值最大化的追求，经营管理层面围绕价值维护和创造效果的绩效考核，资本市场层面的上市公司市值管理等。这些关于价值管理和价值提升的策略和行为，有些是实质有效的，有些却只是表面游戏，甚至有可能因为关注短期效益而牺牲了企业长远的价值巩固和提升。

企业价值的本质是企业未来能够给投资人带来的收益回报，因此在企业估值的途径方法中，未来现金流折现法在理论上当之无愧是最严谨最完善的。深入剖析该方法，决定企业价值创造效果的关键因素便一目了然：一是投入资本的回报率（可以再分解为效益指征，即净利润率和效率指征，也即销售与投入资本比率或者说销售周转率）；二是企业的成长性，如果投入资本回报率保持在期望水平之上，企业又能保持可持续的长期稳定增长，则企业就处于不断创造价值的正向良性发展状态；反之，如果投入资本回报率偏低，那么企业的持续增长将会以过分消耗长期资本支出和运营资本为代价，给企业带来的反而是劣性的价值减损。①

鉴于 ESG 合规管理在很大程度上与企业可持续发展和可持续增长有着直接关联（如果企业没有环保意识，不注重社会影响，管治不完善，将直接影响企业的生存和发展潜力）。近年来在企业战略和管理实践领域，已经出现越来越多的对原有的纯股东利益至上的企业经营目标及理念的挑战。比如，欧洲管理大师弗雷德蒙德·马利克（Fredmund Malik）教授十多年前就提出，为客户创造价值才是企业管理的首要和主观的目标，股东利益则是在此基础上能够自然获得的客观后果；②《哈佛商业评论》近期举办的企业创新管理论坛上也有多位国际管理专家指出，一个健康长青的企业愿景和目标，必

---

① McKinsey & Company, *Valuation: Measuring and Managing the Value of Companies*, Wiley, 2015.

② Fredmund Malik & Die Richtige, *Corporate Governance*, Campus Verlag GmbH, 2008.

然要将社会效益和社会影响力放在最优先的位置。

同样，在国内外产业界、投资界，一个明显的趋势是投资决策中越来越重视对 ESG 要素的关注和考量。比如说，在寻求和甄选投资标的时，传统的考量要素通常是行业或赛道的潜在市场容量、标的企业在行业中的地位以及管理团队素养和潜质等，而当下很多投资机构在其更新的投资衡量标准中，已经越来越强调 ESG 因素——环境影响、社会效益、管治完善度，其不再仅是辅助参考要素，而是作为评判一个企业、一个项目的价值构成的重要指标而被纳入投资决策核心议程。私募股权投资领域近几年兴起的"影响力投资"，便是追求商业利益和社会利益平衡和谐的价值管理典范。图 2 是2022 年第一季度针对比利时投资并购市场的一个样本调查，揭示投资并购过程中对 ESG 要素的关注度，包括多少比例的投资人会利用外部的 ESG 尽职调查来支撑投资决策。

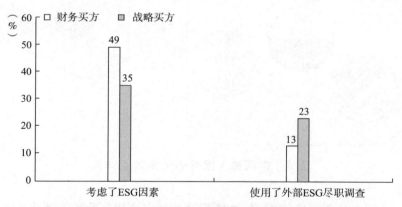

图 2　比利时市场调查：投资并购中对 ESG 的关注程度

资料来源：Mathieu Luypaert & Gianni Spolverato，*2022 M&A Monitor：Shedding Light on M&A in Belgium*，Vlerick Business School，2022。

作为专注于跨境并购交易顾问与资产管理服务的精品投行，中西资本提出了"节律商业体系"理念，将企业的核心价值管理置于企业与环境、他人（其他利益相关者）及自身的三维关系中，聚焦对宏观环境（自然/社会/经济）和市场周期趋势的洞察与遵循，与利益相关者共赢生态的打造和维护，以及企业治理、风险合规的把控与遵守。显而易见，节律商业体系在很大程度上与 ESG 合规管理契合，呈现了一个相对完整的可持续发展体系（见图 3）。基于节律商业体系的每个投资并购交易，都被定义为价值管理和价值创造的一个系统工程，从交易前的价值诊断/价值规划，到交易中的价值衡量/价值流转，以及交易后的价值落实/价值呈现，ESG 相关要素都围绕其间，成为其不可分割的有机组成部分。

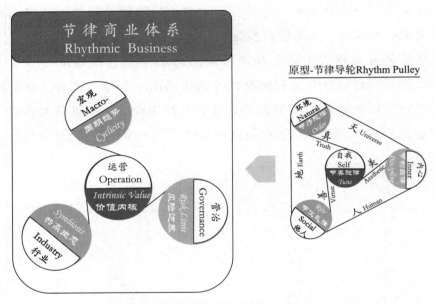

图 3　中西资本推行的节律商业体系

（二）　在企业价值管理/估值实践中纳入 ESG 要素并做具体考量

在过往的价值评估和价值咨询实践中，ESG 合规相关要素被理解为企业经营管理的风险控制边界，而独立于价值内核塑造过程。两者是并立、割裂的，在企业估值层面上不会涉及对 ESG 合规要素的实质考量。随着 ESG 合规管理因素在企业价值管理和价值创造中的重要性被越来越充分地认识，企业估值实践已不能再将 ESG 排除在外，而是要探索两者之间如何适当合理地交叉融合。

很多国际性标准权威机构如 IFRS 基金会、CFA 协会等，都在考虑如何将 ESG 纳入其专属领域的分析框架。国际估值标准委员会（IVSC）近来特别加强了 ESG 因素在企业估值中的影响研究及其标准制定等方面的探索，包括从资本投资方、资本使用方（企业）及估值专业机构等多方视角进行多维度的相关调查。迄今为止，将 ESG 纳入企业估值实践尚处于起步探索阶段。图 4 展示的是 IVSC 一项面向估值机构的调查，其中 55% 的受访者表示现有估值标准并未充分明确地考虑 ESG 要素，亟待完善。

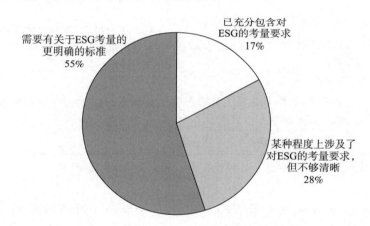

需要有关于ESG考量的
更明确的标准
55%

已充分包含对
ESG的考量要求
17%

某种程度上涉及了
对ESG的考量要求，
但不够清晰
28%

图 4　IVSC 调查：现有估值标准是否已充分考虑了 ESG 要素

资料来源：IVSC Survey，*The Evolution of ESG in Valuation*，IVSC Valuation Webinar Series，2022。

作为前沿性探索，我们尝试去架构 ESG 与企业估值之间的桥梁，表 2 初步列举了各种企业估值法中相关指标/参数如何定性/定量地受到 ESG 相关要素的潜在影响。

表 2　各种企业估值法中的典型指标/参数受 ESG 要素*的潜在影响

企业估值法	典型估值指标/参数	受 ESG 影响	主要 ESG 影响要素
收益法	经营规模/营业收入稳定持续	可量化	碳排放/产品碳足迹/产品安全与质量/人力资源管理

续表

企业估值法	典型估值指标/参数	受 ESG 影响	主要 ESG 影响要素
收益法	长期性资本投资/成长率及预测期后终值	可量化	负责任的投资/绿色建设机遇/反垄断举措/人力资本开发
	成本/质量控制	定性	供应链员工标准/产品安全与质量/包装材料和废弃物
	财务杠杆/折现率/资本化率	可量化	融资渠道/会计与审计/金融系统不稳定性/金融产品安全
	无形资产/商誉	定性	商业道德/社会沟通渠道/负责任的投资/健康与安全
市场比较法	可比公司/交易选择	定性判断	负责任的投资/有争议的采购/产品安全与质量
	估值倍数指标/参数调整	可量化	
成本法	固定厂房/设备的复原重置成本或是更新重置成本	定性判断	清洁技术机遇/绿色建设机遇/可再生能源机遇
	折旧率（功能贬值）	可量化	

注：＊统一采纳了 MSCI ESG 评价体系中的相关要素/主题/议题。

譬如，企业未来经营规模和成长率等与企业可持续发展相关的估值指标/参数，将受到企业的产品安全与质量、产品碳足迹、人力资源管理、负责任的投资等 ESG 相关要素直接的可量化的影响。图 5 展示的是 IVSC 一项面向企业的调查，关于 ESG 的社会影响因素会在多长时间内显现出对企业未来现金流的影响，分别有 42% 和 33% 的受访者选择了中期（1~3 年）和远期（3 年及以上）。从企业风险评价的角度看，不同的 ESG 合规管理水平将影响企业的风险状态，具体到企业估值中的现金流折现法，所对应的关键指标就是折现率、资本化率的选取。折现率取决于投资人所期望的收益水平和投资标的所面临的潜在风险，潜在风险包含从宏观到局域，从行业到企业自身的经营和财务等各个层级的风险因素，而 ESG 是贯穿于各层级的一条有形脉络，将直接映射出企业在市场中的风险水平，并在具体估值中量化影响折现率、资本化率的取值。

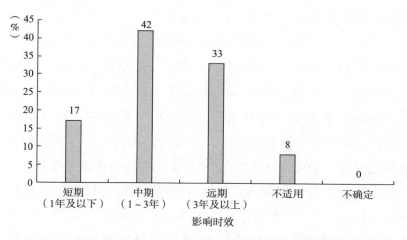

**图 5　IVSC 调查：企业对于 ESG 的社会影响因素对企业
未来现金流的影响时效的看法**

三　海外投资 ESG 合规管理实务

中国企业的跨境投资正处于结构化／精准化的第三阶段，不论是面对发达国家／市场还是发展中国家／市场，行之有效的方法是意识到不同类型市场的差异性，对 ESG 合规管理所侧重的方向、关注要点做精准化识别剖析并提出针对性解决方案。适当与海外投资流程中的尽职调查／价值评估咨询等专业服务环节相互借鉴，也有利于提升 ESG 合规项目的管理质量及执行效率。

（一）中国跨境投资三阶段

综观中国的跨境投资实践，可将其大致归结为三个发展阶段并总结出各自不同的特点。

第一阶段（2000 年以前）：引进来。其特点是低人力成本承接低附加值（发达国家的低代级技术转移）：跨国公司到中国投资组建合资企业/生产基地，将等级相对较低的技术/产品，产业链中相对较低附加值的非核心零部件生产/组装等职能，转移到中国，而前端研发/关键零部件以及后端营销管理等高附加值环节留在海外。

第二阶段（2001～2015 年）：走出去。其特点是以"资本力量＋市场潜力"整合全球资源：随着本土产业的发展及资本实力的增强，中国企业主动"走出去"，寻求对海外资源、技术、服务模式、品牌、管理等先进要素的全方位收购，再结合其国内既有的产业基础渠道网络，促成海外标的资产/业务在中国的落地和市场渗透。

第三阶段（2016 年以来）：结构化/精准化。其特点是供给侧结构改革＋核心/关键要素获取：一方面，将过剩的中低端产能要素向其他发展中国家转移（类似第一阶段跨国公司到中国投资的模式）；另一方面，跨境投资并购更聚焦于制造/服务领域的产业链关键技术获取和核心能力提升，弥补与国际先进水平的差距。不可忽略地，还要持续强化对"全球本地化"趋势的认知、适应和推动。

（二）实务中 ESG 合规管理侧重点因市场而异

现阶段中国企业的海外投资，正同时面向发达国家/市场和发展中国家/市场，不同市场的 ESG 合规管理侧重点存在明显的差异。比如说，对于发达国家/市场，ESG 合规管理的重点在环境方面，可能会更多地关注碳足迹、碳排放方面的议题；社会责任方面会更注重相应的外来投资限制和企业工会意见；管治方面更注重反垄断等方面的合规性。而对于发展中国家，环境方面会更聚焦于环境可行性评价，社会责任方面不可回避与非政府/非营利组织的协调沟通，管治方面更关注商业道德/腐败与不稳定性等要素。表 3 从 MSCI 的 ESG 评价指标体系（三个支柱 10 个主题 37 个议题）中分别选取了 E – 气候变化、S – 产品责任、G – 企业行为三个主题，初步示意了各主题下的相关议题，并标明其在不同市场的重要程度差异。

表 3   不同市场中相关 ESG 议题的重要程度差异

主题	议题	发达国家/市场	发展中国家/市场
E – 气候变化	碳排放	☆☆☆	☆☆
	金融环境因素	☆☆	☆
	产品碳足迹	☆☆☆	☆
	气候变化脆弱性	☆	☆
S – 产品责任	产品安全与质量	☆☆☆	☆☆☆
	负责任的投资	☆☆	☆☆
	隐私与数据安全	☆☆☆	☆
	金融产品安全	☆	☆
	化学品安全	☆	☆☆
	健康及人口风险	☆	☆☆☆
G – 企业行为	商业道德	☆☆	☆☆☆
	反垄断举措	☆☆☆	☆☆☆
	腐败与不稳定性	☆☆	☆☆
	金融体系不稳定性	☆☆	☆☆
	税务透明度	☆	☆☆

注：☆☆☆表示极其重要，☆☆表示非常重要，☆表示一般重要。

海外投资实务中具体的 ESG 合规管理，无论是 ESG 战略咨询、投资与实践、核查评估，还是信息披露等不同环节，从企业自身、投资人、ESG 评价者，以及所有的利益相关者的角度来说，都要对 ESG 核心要素做精准化识别剖析并提出针对性解决方案。同时，ESG 合规项目管理亦可以充分与海外投资流程中常规的尽职调查/价值评估咨询等专业服务环节相结合，在项目全过程中（从项目准备、问卷调查、数据收集、核查访谈、焦点关注，直至结论或方案形成）相互借鉴，相互论证支持，提升项目管理和专业服务的质量及客观有效性。

结　语

中国企业在应对全球化新阶段的海外市场拓展（投资与贸易）过程中，必须融入海外的 ESG 合规管理环境和适应其实践要求，获得不同文化背景下的所有利益相关者的理解、认同，确保其在全球市场稳健前行。将 ESG 合规管理越来越紧密地与企业价值管理融合，构建一个更和谐完整可持续发展的商业体系，是一项极具现实意义和创新意义的前沿性探索。"他山之石，可以攻玉"，在借鉴吸取海外成熟经验的基础上，中国的 ESG 合规管理将朝着开创与超越的方向主动迈进，逐步建立和完善既能接轨国际市场，又具有中国特色的 ESG 合规管理环境和体系。同时，中国的"一带一路"倡议、"人类命运共同体"等理念洞见和责任担当，也将汇聚成鲜活的血液，逐步渗透到国际通行的 ESG 合规管理体系中，为全球 ESG 合规管理的完善升级贡献中国动力、中国智慧以及中国方案。

案例实务篇

中央企业"走出去"与 ESG 合规管理的历程、现状及案例

支东生[*]

中央企业"走出去"的历程需要在持续变化的国内国际大背景下去认识。从世界历史看，发达国家的国际化之路已经走过了几个世纪，积累了许多经验，而我国企业的国际化进程只有改革开放以来的 40 余年时间。

一 中央企业"走出去"的发展阶段

中央企业"走出去"始终与我国改革开放同频共振、同向发力。改革开放 40 余年，中国由一个经济弱国逐步成长为经济强国，中央企业境外投资经营业务也从无到有、从点到面、从弱到强。总的来看，中央企业"走出去"进程大致经历了 5 个主要阶段。

一是参与援助期。这一时期开始于改革开放之前，中央企业"走出去"开展的业务主要是对外援助项目。最早参与国家对外经济援助的历史，可追溯到 20 世纪 50 年代至 70 年代的援蒙、援越等工作。这期间影响较大的援建项目是坦赞铁路项目，该项目于 1970 年 10 月动工兴建，1976 年 7 月正式移交，由中国、坦桑尼亚和赞比亚

* 支东生，中国大连高级经理学院研究员，国资委研究中心企业改革研究处原处长。

合作建成，是一条贯通东非和中南非的交通主干线，是东非的交通大动脉。

二是承包工程期。这一时期开始于改革开放初期，中央企业以工程承包和国际贸易为切入点，逐步走向国际市场。中建集团等4家企业成为最早拥有对外经营权的企业，由此拉开了投身国际承包市场、开展境外经营的序幕。1985年3月，中国水产总公司组建了我国第一支远洋渔业船队，实现了中国远洋渔业"零"的突破。

三是资源保障期。这一时期开始于20世纪90年代初，党的十四大提出要扩大我国企业对外投资和跨国经营，中央企业以油气、矿产资源领域为重点，加大了对外投资力度。例如，中钢集团与力拓集团合资建设的澳大利亚恰那铁矿是我国在海外投资的首个矿山，中国能建承担了我国在海外建设的第一座电站，中国石油中标秘鲁塔拉拉油田区块，实现了我国海外油气业务"零"的突破。

四是全面发展期。这一时期开始于2000年我国提出加快实施"走出去"战略。中央企业境外股权并购快速发展，工程承包数量由单一施工转向"投建营一体化"，以投资带动劳务、设备、技术服务走出去，实现从以商品、劳务输出为主到以资本输出为主跨国经营的转变，不断推动企业境外投资经营迈上新台阶。例如，中国五矿承建的巴基斯坦山达克铜金矿是中国企业首个海外"投建营一体化"项目，中交集团承担的牙买加南北高速公路项目是中国企业首个境外BOT公路项目，中国有色集团在赞比亚投资的谦比希铜矿是我国首个在境外收购的有色金属矿山项目。

五是合作共赢期。这一时期开始于党的十八大，中国特色社会主义进入新时代，以习近平同志为核心的党中央全面深化改革，扩大对外开放，提出"合作共赢""人类命运共同体"等全球治理与发展新理念，推动形成全面对外开放新格局，为世界经济与社会的发展增添新活力。特别是2013年习近平主席提出"一带一路"倡议以来，中央企业"走出去"从原来的单一项目"点与点"的合作，发展到与所在国"面与面"的合作,通过参与"一带一路"共建、国际产能与装备制造合作以及创新能力开放合作等,中央企业成为践行新发展理念、"合作共赢"发展模式的主力军。

二 中央企业"走出去"的发展进程

(一)以资本输出推动境外产业链条纵向延伸

中央企业境外投资经营的快速增长,不仅拓宽了企业境外发展的空间,而且使我国境内外产业链发生了一体性的重要转变,使境外产业链条得到纵向延伸。一方面补足了自身发展的短板,另一方面又为国内产业转移、开展国际产能合作提供了市场机遇。许多中央企业由最初单一的工程承包逐步拓展至工建、贸易、创新服务平台等业务板块,涵盖工程建设、建材投资、矿业开发、新能源、贸易、物流服务、工程机械出口、大型装备租赁等众多领域。例如,中国铁建、中国中铁共同承建的亚吉铁路项目,堪称带动中国铁路全产业链"走出去"的典范。亚吉铁路被誉为海外首条全产业链"中国化"的铁路,是非洲首条跨国电气化铁路,被誉为"新时期的坦赞铁路",项目集融资、设计、施工(土建、轨道、电气化)、装备材料、监理、运营于一体,成为海外中国元素最多的全产业链"中国化"的电气化铁路。

(二)以创新发展推进多模式国际化投资运营

经过多年的不断探索和实践,中央企业逐步摆脱了传统的工程承包和单一的绿地投资模式,大胆尝试多种国际投资与经营的模式,直接并购、股权置换、产能投资、战略联盟和合资合作等路径与方式不断增多。例如,国家电网掌握着特高压、智能电网核心技术,拥有世界最大电网的运营管理经验,能够为海外电力能源项目提供从规划建设到运营维护的系统性服务，实现"投资、建设、运营"和"技术、装备、标准"两个一体化全产业链、全价值链"走出去"。截至 2018 年末，国家电网已在 7 个国家和地区投资运营骨干能源网，境外投资 210 亿美元，管理境外资产约 650 亿美元，所有境外投资项目保持稳健运营、全部盈利。中国有色集团在赞比亚投资设立了赞比亚中国经济贸易合作区，使集群式开发发挥规模效应，降低了开发成本，提升了中国企业在资源所在国的话语权，提高了经营业务的层次水平。

（三） 以优势产业带动中国标准与品牌走向国际

中央企业充分发挥在铁路、公路、航空、港口、电力输送、油气管道、通信网络等产业上的技术优势，在海外承担了一批基础设施互联互通项目，推广应用了中国技术、中国标准。

国家电网建立了规划设计、工程建设、装备制造、技术标准全产业链"走出去"的国际产能合作模式，带动电工装备出口到 100 多个国家和地区，打破了西方跨国公司的长期垄断；同时通过积极推进与共建"一带一路"国家标准对接和互认，推动 262 项中国标准在菲律宾、巴西、巴基斯坦、埃及等国家电力建设和运行中得到应用，成为推进技术标准软联通的典型案例。中国建材积极推行水泥和玻璃行业的中国标准，开辟出了"中国建材通道"，水泥技术、工程及装备市场占有率连续 9 年保持全球第一。

（四） 以投资并购重点聚焦高端技术和市场网络

在我国经济由高速增长转向高质量发展的阶段，在创新驱动发展战略的引领下，中央企业加强国际经济技术合作，提升供给侧能力和水平，加大价值链中高端产品的供给。近年来，中央企业海外投资越来越聚焦于获取高端技术、品牌和市场网络等方面，以弥补自身短板，提升我国产业水平。

例如，2006 年 1 月中国化工通过对法国安迪苏公司的收购，获得了关键生产技术和整套研发体系，解决了困扰我国饲料用蛋氨酸缺乏成熟技术的"老大难"问题，填补了我国在蛋氨酸产业和技术方面的空白。2008 年 10 月中国中车株洲电力机车研究所跨国并购英国丹尼克斯（Dynex）项目，打破了国外公司的技术垄断，填补了我国高压 IGBT 产品空白，扭转了我国轨道交通 IGBT 器件长期依赖进口的困境。

2018 年 4 月，科技部、国务院国资委联合印发了《关于进一步推进中央企业创新发展的意见》，提出支持中央企业主动布局全球创新网络、并购重组海外高技术企业或研发机构，建立海外研发中心或联合实验室，促进顶尖人才、先进技术及成果的引进和外合作，实现优势产业、产品的"走出去"，提高全球创新资源配置能力。此意见发布以来，中央企业以投资并购为重点聚焦高端技术和市场网络的步伐更加迅猛。

三 中央企业"走出去"的 ESG 管理战略

面对日益复杂的国际形势，中央企业不断推动企业加强国际化经营合规管理和风险防控，建立政治、经济、安全、文化等领域全覆盖的境外风险防控体系，增强国际化经营重要领域、重点区域、关键环节的风险防控能力，保障"一带一路"倡议及中央企业国际化经营目标的实现。

（一）重视战略规划，进一步明确国际化经营方向

ESG 管理是关注企业在经营过程中环境、社会、治理绩效而非财务绩效的投资理念和企业评价标准。中央企业高度重视制定科学清晰的国际化战略，充分发挥战略导向作用，注重加强包括 ESG 管理在内的国际化经营管理，努力实现境外风险防范全覆盖，把企业

国际化经营引入有序轨道。例如，中国铁建大力实施"海外优先"发展战略，建立起"3＋5＋N"的海外市场管理体系，积极推动海外建设由铁路领域向交通领域转变，由交通领域向基础设施全领域转变，由承包商向投资商、运营商、服务商转变。

（二）完善管理架构，进一步加大集团管控力度

中央企业大多采取集团下设专业化国际投资运营平台的模式开展境外业务。例如，国家电网整合内部资源，成立国网国际公司、中电装备公司、海外投资公司，分别作为境外投资运营、境外工程总承包和国际融资的专业平台；以南瑞集团等装备制造企业作为设备出口的专业平台。此外，根据国际业务重点，设立了 10 个驻外办事处，在境外电力市场的信息收集、项目开发等方面发挥重要作用。

（三）加强专业管理，进一步提高国际化经营能力

中央企业在国际化经营实践中不断完善体制机制、创新方式方法，提升团队国际化经营全过程的运作能力，积极预防境外国有资产流失。通过信息化管理实现对境外资产、人员、项目分布情况和经营情况的动态掌握，并将各项制度要求嵌入信息系统，实现对境外投资合作全过程的硬约束，确保国有资本投到哪里，监管就延伸到哪里。例如，中交集团对海外业务主体按不同的功能定位进行分类管理，海外事业部是海外业务发展和管理的责任主体，代表公司海外业务整体利益，统筹协调集团海外市场经营管理，集团内各平台公司或专业子公司及境外机构在集团的统筹协调下开展经营活动。

（四）通过防范化解重大风险保障竞争力

中央企业在集团公司层面强化风险防控工作责任制，建立风险防控的专职机构，发挥风险防控部门的独立作用。中央企业注重

加强投资决策风险管控，坚持调研和研判先行，认真做好对所在国政治、经济、宗教、法律、风俗、文化、市场的分析和评估，特别是强化对高危地区形势的研判，在充分掌握有关国家政治、经济和社会情况基础上，加强项目可行性研究和论证，做到积极稳妥、量力而行。中央企业强化境外项目运行风险管理，梳理优化工作流程，建立系统、科学、实用的标准和制度体系；注重随时排查项目管理中存在的突出问题和薄弱环节，制定切实有效的改进提升方案，努力补足短板、突破瓶颈。不少企业在重要的国别市场、海外区域设置专门法律事务机构或者配备专职司法顾问，制定应急预案，探索购买保险、建立专门项目公司等市场化法律风险防范机制。

（五）通过加强人才队伍建设支撑竞争力

中央企业全方位加强国际化人才队伍建设，注重尊重国际市场规则和人才成长规律，创新育人、选人、用人机制，打造一支高素质国际化经营人才队伍。海外经营人才既要了解项目所在国家的文化、法律、经营习惯等，也要了解国内的情况，同时还要成为联通中外文化的桥梁。不少企业建立了积极的国际化人才引进培养机制，通过跨国公司合作、境外研修等多种方式，加强境内外人才交流，充分挖掘人才潜力，拓宽人才上升渠道，聚集和培养一批具有国际视野、熟悉国外经营环境和国际商业规则的人才。按照国际化经营要求和国际惯例，突破传统选人、用人理念，不断完善对国际化经营人才的有效激励机制，充分调动其积极性、主动性和创造性。注重在实战中历练、考验干部，不拘一格使用人才。加大对国外工作人员的关心力度，最大限度为其解决后顾之忧，为广大国外工作人员充分发挥作用、踏实做好国际化经营工作创造良好环境。

四 中央企业"走出去"的 ESG 管理案例
——以中国五矿有效化解境外矿山社区风险为例

（一）事件概况

2014 年 4 月，中国五矿携手国新国际、中信金属完成对秘鲁南部拉斯邦巴斯铜矿（以下简称"邦巴斯项目"）的收购。这一世界级铜矿项目是中国在金属矿业领域最大的海外投资项目，也是中国在拉美地区规模最大的投资项目之一。2016 年 1 月项目宣布建成投产，同年 7 月，邦巴斯项目正式进入商业化生产阶段。

秘鲁矿产资源丰富，但矿山往往面临较高的社区安全风险，同行企业甚至出现部分项目搁置开发情况。在邦巴斯项目投资之初，中国五矿就考虑到了社区安全的重要性。在建设期和运营期，中国五矿及下属企业积极履行社会责任，促进周边社区的可持续发展，并因此获得社区的信任，也与当地政府保持良好的关系。尽管如此，依然有少数社区居民，由于对政府履行承诺不满等，再加上反矿业组织或其他相关利益团体的怂恿，采取过激甚至非法手段干扰矿山正常生产和运输工作，以此作为筹码向政府提出诉求。

2016 年 10 月上旬，邦巴斯项目附近社区居民在距离矿山约 20 公里处的精矿运输重载公路（公共公路）路段设置障碍。为了疏通道路，当地警方与居民发生冲突，导致双方人员均有伤亡，紧张形势进一步加剧，邦巴斯项目的运输、物流和人员进出被迫暂停。

（二）工作措施

在获悉冲突情况后，中国五矿及其下属五矿资源、邦巴斯项目现场团队迅速采取行动。一是建立工作机制，密切跟踪事态发展，成立邦巴斯项目社区事件应急应对领导小组和工作组，启动应急应对预案，研究并部署具体工作。二是及时向国内部委汇报事态，于 10 月 18 日下午将有关情况报送国务院国资委，并抄报外交部、商务部、国家发改委、公安部和国家安监总局。三是迅速派人员前往现场工作，五矿资源负责社区工作的高管、中国五矿副总经理赴秘鲁现场指挥应急工作。四是积极协调外交和商务力量，通过中国驻秘鲁大使、秘鲁驻华大使和澳大利亚驻秘鲁大使以及中国商务部向秘鲁政府表达中方关切。五是积极争取秘方支持，积极与秘鲁政府高层沟通，获得秘鲁政府解决事件的支持和承诺。六是立足自身、及时对外公告、申明中方企业立场，并就道路属性、设备征用、社区沟通、运输方案等问题进行澄清说明，用公开的事实为事件解决奠定良好的舆论基础。七是采取必要措施，保证矿山现场工作安全平稳有序地开展，通过减少采矿作业，增加临时库容量，租用直升机疏散人员、运送物资，现场增加安保力量，确保矿区人员财产安全。八是积极协调促成秘鲁政府与社区居民开展对话。

10 月 22 日，秘鲁副总统兼交通部部长与当地社区代表开展解决方案谈判。10 月 25 日，南线备用道路恢复通车，人员、物资和精矿临时通过该备用道路运输。至此，社区安全风险得到显著控制。

为推动风险事件的最终解决，中国五矿积极促进秘鲁政府和社区开展对话，在解决社区矛盾的同时，为了减小潜在社区事件可能对矿山生产运营造成的影响，邦巴斯项目采取以下措施对社区风险进行持续管理。

一是继续保持与秘鲁政府高层的沟通，大力宣传邦巴斯项目对社区条件改善、人员就业和经济发展的贡献，树立良好的公众形象。二是维护矿区安全，维持安保，矿山驻守安保人员，保护人员和财产安全。三是加强运输管控，严禁疲劳驾驶，严格控制车速。四是加强道路巡逻与养护，及时掌控上报沿途路面情况和社区动态，积极开展道路养护和周边环境保护。五是设立矿山安全检查站，安保人员 12 小时轮班形式值守。

（三）处置效果

由于中国五矿领导高度重视、策略得当，各方团队密切协作、积极落实，该社区安全事件始终保持平稳态势。邦巴斯项目发运量迅速恢复，生产运营情况保持正常。2016 年重载公路运输达成初步协议。2017 年 5 月 15 日，在各方努力下，邦巴斯项目北线重载运输公路恢复通车，至此，该事件得到圆满解决。

（四）经验总结

第一，社区安全风险是境外投资面临的常态问题，对此需要进行长期关注。投资地周边社区居民对于就业、环境、发展等方面的要求一旦未能按照预期的方向实现，就很可能以社区事件的形式表现出来，影响投资项目的建设运营，甚至导致项目中断，必须在项目全生命周期中进行持续关注和管理。

第二，社区冲突原因复杂，管控过程中要充分考虑各利益相关方的真实诉求。社区居民发动抗议活动，实质是要求政府履行相关承诺，改善当地生活条件，分享国家矿业发展的红利。同时也有部分社区领导人的政治目的的考虑，需要仔细辨识并加以周密应对。

第三，要积极履行企业社会责任，让社区随着企业的发展获得实利。以邦巴斯项目为例，中国五矿在社区搬迁、带动当地经济发展、加强当地基础设施、解决就业等方面开展大量工作，极大提升了社区居民的家庭收入和生活质量，得到了项目当地社区和秘鲁各级政府的高度认可，为有效管控社区安全风险提供了可靠保障。

第四，在推动社区发展的同时，要持续加强对外宣传，主动搭造各方互相理解的平台，让社区了解企业所做的努力。同时，通过及时向媒体公开进行宣传，澄清误解、消除谣言，有效减少企业面对的舆论压力。

第五，发生风险事件，不仅要做好现场应对，也要迅速上报国内外相关机构部门，最大限度争取掌握主动权。迅速获得当地政府机构的支持对事件的合法解决至关重要，通过国内渠道获得外交力量支持更是推动当地政府妥善解决问题的重要保证。只有及时获取各方支持，才可能有效争取事件处置的主动权，最终平稳解决事件，实现各方共赢。

ESG 合规与企业国际化经营新思路

马建新　吴　岩[*]

面对当前复杂的国际形势，中国企业在国际化经营中如何有效应对动态变化的规则体系，既能依法合规应对不确定的风险，又能高质量可持续地稳健发展，是每个企业家都需要认真思考和努力解决的重要问题。因此，当前的企业合规管理，既要拿起"显微镜"从法律、规则等角度进行微观分析，也需要拿起"望远镜"从政治、经济、总体国家安全观等战略层面进行宏观解读。

经过长达 15 年的艰苦谈判，中国于 2001 年 12 月 11 日正式加入了世界贸易组织，成为其第 143 个成员。如今 20 多年过去了，事实已经证明，加入世界贸易组织是一个具有重大现实意义和深远历史意义的决策，对推动和促进中国经济的发展，特别是吸引外资和中国企业"走出去"发挥了不可替代的作用。加入世界贸易组织后，中国的经济总量和贸易总量迅速增长。正是因为充分运用了世界贸易组织的规则，中国经济才得以全面融入全球经济和贸易体系，迎来蓬勃发展的局面。

随着"一带一路"建设的深入推进，如今有更多的中国企业走出国门，走向世界，为推动构建人类命运共同体、加强基础设施建

* 马建新，道琼斯公司（Dow Jones）风险合规中国总监，中国贸促会（CCPIT）经贸摩擦顾问委员会国际合规专家；吴岩，商务部产业安全与进出口管制局原副局长，中国驻摩尔多瓦大使馆前经济商务参赞（正司级）。

设提供中国智慧和中国方案。由此，加强对企业的合规经营管理也已经提上了议事日程。

一　国际化经营中，ESG 合规管理由"自选动作"变成"规定动作"

近年来"硬科技"是大家经常谈论的话题。自 20 世纪 80 年代以来，"科学技术是第一生产力"的重要论断一直指导着我国科学技术的发展。如今一些科技领域的"卡脖子"问题依然存在，因此加强自主知识产权研发和推进基础科学教育非常重要。与此同时，企业也亟须重视"软实力"建设。之前企业大多是从文化的角度去分析"软实力"，现在也需要从治理的角度，尤其是基于"国家治理体系和治理能力现代化"的要求去提高"软实力"。比如从合规、法务、内控、风控等方面加强"四位一体"的治理体系搭建，合规信息化的系统建设，"三道防线"的协同合作，"严监管、零容忍"的执法检查等，这些都体现着"软实力"，与"硬科技"相辅相成、相得益彰地助力企业防范化解重大风险，实现从高速度朝高质量、可持续、稳增长方向迈进。

随着改革开放的不断深入，特别是中国加入世界贸易组织，有更多的中国企业走向海外市场，深度参与国际经济和贸易分工，并在国际竞争中不断成长壮大，硬实力日益显现，为中国企业赢得了荣誉，树立了良好的形象。与此同时，在中国企业充分展示竞争实力的同时，其短板也在不断暴露，"一条腿长、一条腿短"的不对称现象越来越突出。一方面，中国企业特别是工程承包企业，在施工质量、施工效率、施工经验、施工成本等方面都具有独特的竞争优势。但另一方面，一些中国企业在国际市场上参与重大招标时，对项目所在国家（地区）的相关法律规定理解得不准确、不充分，对当地的风土人情以及社情民意、政党关系没有进行充分了解和掌握，导致项目竞标失败，或者虽然项目中标，但无法按时开工，有的项目甚至拖期几年也无法正常开工，给企业带来沉重的财务负担，有的还影响了企业的形象。在共建"一带一路"国家实施的基础设施项目建设中，中国企业由于对海外 ESG 合规不重视、不了解而无法中标，或者中标之后无法实施的案例也屡见不鲜。因此，中国企业必须高度重视海外 ESG 合规工作。

本文尝试从"硬科技"和"软实力"相互协同的角度，通过供应链、价值链上的合规风险，来分析企业国际化合规经营策略。

二 国际化经营中，ESG 合规管理从企业层面延展到供应链层面

近年来，大多数企业都加强了自身的合规管理能力，实现了"合规管理体系化、体系流程化、流程信息化、信息数据化、数据智能化、智能有效化"等多方面的企业合规建设。但是从近期的国际经贸冲突事件以及企业违规案件来看，很多问题不完全是出在企业自身的合规能力上，而是来自供应链的风险传导。

"硬科技"离不开供应链的支持，供应链的中断会产生连锁反应，从设计商、供应商、制造商到经销商等，任何一个环节的"脱钩"都会造成供应链的断层，从而影响价值链的网络。

合规管理也是如此，供应链的合规会促进产品的合规、业务的合规，从而实现企业整体合规。如果供应链存在违规风险，也会传导给下游产品，从而给企业带来相应的风险。即使所有"硬科技"都是自主研发，但如果供应链中的制造、组装、运输、渠道、投融资、资金结算等环节存在制裁风险，也会导致价值链上的风险产生。

自 2018 年美国对关键技术领域进行出口管制以来，许多企业明显认识到供应链合规的重要性。一些企业，尤其是半导体芯片企业，已经开始在全球更多地方开设工厂，促进零部件和材料供应的多元

化，让供应链变成"供应网"，并提升供应网络的韧性。这样虽然可能增加成本，但不至于造成供应链断裂，从而保障价值链的可靠性。

与此同时，各国政府出于国家安全的考虑，出台了多种多样的供应链政策，致力于保障关键产品的供应能力。比如中国的"双循环"、欧盟的"技术主权"以及美国所谓的"友岸外包"（friend-shoring），倡导在盟友国家之间开展供应链合作和畅通贸易往来渠道。

为了强化美国国内的供应链，美国国会通过了一系列的法案，如《美国芯片法案》（Chips for America Act）、《无尽前沿法案》（Endless Frontier Act）、《美国竞争法案》（America Competes Act）等。美国总统也颁布了多项行政令，比如：2020 年 9 月，特朗普签署第 13953 号行政令强调加强"应对依赖外国对手的关键矿产对国内供应链的威胁，支持国内采矿和加工行业"；2021 年 2 月，拜登签署《美国供应链行政令》（Executive Order on America's Supply Chains），启动了对美国供应链的全面评估审查，重点调查稀土等关键矿产、半导体和先进封装技术、大容量电池以及药品产业的供应链风险，旨在建立其所谓的更具韧性的、安全可靠的美国供应链；2022 年，拜登政府还酝酿采取新行动设法保护美国在关键技术方面的优势，考虑动用《贸易法》（Trade Act）第 301 条，对半导体、人工智能、5G 网络、电动汽车等重点行业的供应链进行调查；同年 5 月拜登的亚洲之行，启动了印太经济框架（Indo-Pacific Economic Framework），其中就包括数字贸易合作，提高供应链弹性，增加清洁能源，加强税收，反洗钱和反贿赂措施等。

三　国际化经营中强化企业及供应链 ESG 合规管理的对策

目前，在新的国际形势下，企业价值链的合规风险已是当前需要应对的重大挑战。

（一）从国家战略高度认识 ESG 合规管理

要推进中国企业国际化经营中 ESG 合规体系，统一思想、提高认识是关键。以往的实践表明，由于个别中资企业对海外 ESG 合规管理不了解、不重视，造成企业在"走出去"的过程中付出了沉重的代价，交了高昂的学费。当下，更加需要从国家战略的角度认识推动中国企业国际化经营过程中强化 ESG 合规管理的意义。

逐利是资本的天性，对利润的获取是企业的终极目标。人类社会发展到今天，物质生活越来越丰富，科技发展越来越快，企业在其中做出了很大的贡献，这一点不容否定。人类社会进入 21 世纪后，环境保护意识越来越强，同时要求企业发展既不能以牺牲环境、破坏环境为代价，也不能以牺牲企业员工的利益为代价，企业必须履行社会责任。实践证明，即使是国际知名的跨国企业，一旦失去了约束和监管，也会为了获得利润而放弃既有的原则。因此，推进企业国际化经营中的 ESG 合规体系建设，一方面能够为各国企业参与国际竞争搭建公平的平台，另一方面也能够为企业履行社会责任确立行为规范。

从内在因素来分析，随着中国劳动年龄人口出现下降，以及企业对员工各项权益保护意识的增强，人力成本在企业经营成本中的比重必然会逐渐提高。在中国实行改革开放之前，绝大部分的中国企业属于"内向型"企业，行业间的竞争也主要体现在国内企业间的相互竞争。党的十一届三中全会以来，中国实行对外开放政策，一部分企业渐渐走出国门。特别是中国加入世界贸易组织以后，越来越多的中国企业走出国门，与其他国家（地区）的企业进行同场竞技，从而开阔了视野，同时也发现了自身的短板和不足。以前仅仅是把跨国公司单纯理解为国际上知名的外国公司，如今已经有越来越多的中国企业加入跨国公司的行列。在这种情况下，中国企业从管理理念到管理方式，都必须与跨国公司的管理理念、管理方式衔接。而加强海外 ESG 合规体系建设，正是目前跨国公司普遍和通行的做法。

从外在因素来分析，地球资源的有限性与人类对资源需求无限性之间的矛盾越发凸显，而构建"人类命运共同体"，保护资源、保护环境，建设资源节约型、环境友好型社会已成为共识。对于海外中国企业来说，在企业生产经营、项目开发的过程中，更加注重对当地环境的保护以及认真履行企业的社会责任显得格外紧迫。

中国加入世界贸易组织所走过的艰辛历程，对于中国企业构建海外 ESG 合规体系具有十分重要的借鉴意义。经过全社会广泛深入学习、了解、掌握世界贸易组织各项规则，中国企业从最初对世界贸易组织各项规则知之甚少，到现在对其全面了解和掌握，并熟练运用。中华民族善于学习、勇于探索，只要各方共同努力，遵循合规则、合规约、合规律原则，最终必将建立起覆盖全面的中国企业海外合规体系。

中国通过加入世界贸易组织，完成了与国际通行规则的对标。在当前复杂的国内外形势下，推动企业国际化经营中 ESG 合规体系建设，将促进与国际规则的再次对标，并有可能通过对下文所述优势和领域的聚焦，实现对全球规则的引领。

（二）充分利用"中国制造/智造"和最大贸易国的优势

虽然说地缘政治是影响供应链的一个要素，但是经济发展更看重的是经济收益，"没有人做赔本的买卖"，所以企业可以充分利用中国是世界很多国家最大贸易伙伴的优势，扩大市场开发，提高贸易便利化程度，推动人民币国际化。同时，中国制造、中国智造也是中国企业多年来积累的优势，企业可以从下游代工生产向上游开发设计方向发展，及时"腾笼换鸟"，优化产业链结构，吸引外商技术和服务资本，或充分利用供应链转移带来的新的业务机会。比如学习新加坡高端制造业的东山再起，加大高精尖科技扶持力度，吸引高端人才加入，避免出现类似美国的"铁锈地带"，通过赋能高端技术实现产业链结构和价值链延展的重新定位，从而打破"友岸外包"的"朋友圈"，或者倒逼某些国家的"退群"动作。

（三）重构产业链和价值链的关键领域

即使没有美国的"友岸外包"策略，我国也在国家治理能力和治理体系现代化的指引下，高质量和精细化地开展产业链和价值链重构。我国很多企业已经拥有供应链的反脆弱能力，比如关键原材料采购的多元化、关键技术能力的智能化、关键仓储物流的灵活化、关键供应网络的柔韧化、关键需求侧的便利化、关键人员管理的人性化等。

另外，还要加强对关键经济领域的基础投资，对非关键领域的外资吸引，以及配套各项优惠措施，比如贸易便利化、人民币国际化、金融支持实体经济发展、持续扩大开放政策，加强人文交流和基础学科人才教育和培养，通过"大市场"实现供应链各要素的充分流动，运用 ESG 理念实现企业的高质量可持续发展新格局，从而打破"朋友圈"式的供应链保护主义。建议企业进行"端到端"（End-to-End）的合规风险梳理，从供应链的起点开始，到直接或间接的供应商、运输方、制造方、结算方等，要对整个利益相关者进行风险分析，即从供应链背后的价值链角度去分析合规问题，才能更好地发现问题、解决问题。

（四）确保国家战略性关键资源安全和循环利用

关键资源安全是国家安全的重要组成部分，比如矿产资源供应安全与国家经济安全、环境安全、国防安全密切相关。我们应当制定完善的关键资源安全机制，通过投资、贸易和管理确保资源供应安全的主动安全观，以及高质量、可持续的资源应用机制。尤其在气候变化的大环境之下，合理平衡资源安全利用、开发与环境保护方面的关系，并从国际规则和标准体系方面推动全球资源治理能力和治理体系现代化。同时，也要善于在全球范围建立关键资源联盟，比如与非洲、中东、南美等国家进行矿产合作，助力当地改善经济资源环境，提高人民生活水平，同时获取所需的关键矿产资源，为世界贡献中国智慧和力量，推动人类命运共同体建设和发展。

（五）寻求关键技术的不可替代性或可替代性方案

对许多企业来说，既要想办法增强供应链韧性，多元化供应商和原材料来源，同时还要根据相关的法律规定，防范潜在的供应链合规风险。

"不可替代性"是指我国"硬科技"和"杀手锏"技术持续保持领先；"可替代性"是指克服"卡脖子"技术难题，力争自主研发补齐短板，加快进口替代。习近平总书记在 2020 年 10 月发表的《国家中长期经济社会发展战略若干重大问题》中明确提出："优化和稳定产业链、供应链。产业链、供应链在关键时刻不能掉链子，这是大国经济必须具备的重要特征……为保障我国产业安全和国家安全，要着力打造自主可控、安全可靠的产业链、供应链，力争重要产品和供应渠道都至少有一个替代来源，形成必要的产业备份系统……我们不应该也不可能再简单重复过去的模式，而应该努力重塑新的产业链，全面加大科技创新和进口替代力度，这是深化供给侧结构性改革的重点，也是实现高质量发展的关键。一是要拉长长板，巩固提升优势产业的国际领先地位，锻造一些'杀手锏'技术，持续增强高铁、电力装备、新能源、通信设备等领域的全产业链优势，提升产业质量，拉紧国际产业链对我国的依存关系，形成对外方人为断供的强有力反制和威慑能力。二是要补齐短板，就是要在关系国家安全的领域和节点构建自主可控、安全可靠的国内生产供应体系，在关键时刻可以做到自我循环，确保在极端情况下经济正常运转。"①

（六）政府、企业以及全社会齐心协力，共同推动 ESG 合规建设

加强企业国际化经营中 ESG 合规体系建设，绝不仅仅是企业的事，也是政府的事，同时，对于研究机构来说，这也是其义不容辞的责任。中国要在中华人民共和国成立 100 周年时，实现第二个百年奋斗目标，全国人民都热切期盼并为之努力。而要实现第二个百年奋斗目标，还需要中国企业付出巨大的努力，要与国际一流企业对标，既要做大，更要做强。2001 年中国加入世界贸易组织，中国企业成功抓住了历史机遇，并取得了可喜的成就。今天，中国企业又一次站在了历史的交汇点上。笔者相信，只要思想认识到位，就一定能够克服各种困难，构建起海外 ESG 合规体系，并在实践中不断加以完善。

当前，加强企业合规工作已经引起各方的高度重视。习近平总书记指出："要规范企业投资经营行为，合法合规经营，注意保护环境，履行社会责任，成为共建'一带一路'的形象大使。"国务院有关部委也相继出台了加强合规体系建设的文件及规定。企业在构建合规体系中积极行动，将合规理念体现到企业管理的各个具体环节。

在推动建立中国企业合规体系的过程中，研究机构要做到先行一步。北京新世纪跨国公司研究所早在 2009 年即启动了对企业合规的系统化研究工作，推动政府部门重视企业合规工作，帮助企业制定合规管理及体系设计指引。这为目前开展的企业合规体系建设工作奠定了良好的基础。

政府在推动海外 ESG 合规工作中要加强监管；企业要重点抓落

---

① 习近平：《国家中长期经济社会发展战略若干重大问题》，《求是》2020 年第 21 期。

实，将以往对 ESG 合规的碎片化理解转化为系统化管理；研究机构要为政府制定监管要求提供咨询建议，同时为企业不断完善海外 ESG 合规提供智力支持和相关培训服务。总之，在推动建立海外 ESG 合规体系过程中，政府、企业及研究机构应该各司其职，并形成良性互动。

对外承包工程 ESG 合规风险管理

李福胜　　陈　岱[*]

一个工程项目涉及立项、预可行性研究、可行性研究、招标、投标、中标、开工、设计、采购、施工、竣工、试运行、最终交验、运行和维护的整个过程。而对外工程承包项目，还要充分考虑跨境因素及东道国、施工方所在的母国法律法规，因此，对外承包工程项目的 ESG 合规管理就更加复杂。[①]

对外承包工程项目具有规模大、执行期长、跨境施工的特点，项目应该开展全过程的风险控制和合规管理。项目在前期应该进行合规与风险尽职调查，项目实施的中期要切实履行各方面的合规义务，项目实施完成后要进行必要的合规与风险后评价。这样的全过程和全面风险管理，可以大大降低对外承包工程风险。目前，项目前期的环境与社会风险评估（EIA、SIA）受到了一定程度的重视。但是，项目全程的 ESG 合规评价尚没有受到普遍重视。

---

[*]　李福胜，北京弘道合规咨询公司执行董事，中国进出口银行原信贷审批委员会委员，中国社会科学院大学教授；陈岱，特变电工南方输变电产业集团海外投融资总监。

[①]　对外承包工程专业公司需要熟练掌握国际咨询工程师联合会制定的 FIDIC 合同标准模板，但对于完成一个大型跨境、数年建设期且处在复杂的社区和国际环境中的项目，这是远远不够的。

一　对外承包工程项目 ESG 合规风险的特点

2021 年，我国对外承包工程业务受到新冠肺炎疫情的严重影响，但仍然完成营业额 9996.2 亿元人民币，新签合同额 16676.8 亿元人民币。改革开放以来，对外承包工程作为一个行业从无到有、从小到大。今天，中国已经成为全球公认的国际工程承包大国。随着中国在全球基础设施建设和工程承包舞台中的角色变化，中国对外承包工程企业也越来越多地面临融入国际规则的需求和压力。对外承包工程中的合规管理就成了中资企业面临的工程建设和管理能力、融资能力之外的新挑战。

对外承包工程项目与国内的一般承包工程项目相比，除了国内承包工程项目具有的如涉及项目业主、承包商往往需要招投标、第三方工程监理，带资承包、融资与付款、质量与进度担保等特点之外，还有其自身的特点。这些特点包括：项目本身参与方众多、关系复杂；往往是大型甚至超大型项目，多国多方参与、跨文化冲突时常发生；项目无论是造成正面影响还是负面影响，一般都是长期的。本部分试图论述对外承包工程项目的主要特点，为项目合规管理的复杂性提供参考。

对外承包工程项目的特殊性，决定了项目管理的特殊性。相较项目的施工管理、财务管理、质量管理，合规管理往往会被忽视，从而使企业面临合规风险。许多情况下，还会导致无可挽回的损失。因为项目处于境外，不但损失难以追回，其负面影响也很难完全消除。

某央企在缅甸投资建设的密松水电站，因为环境与社会风险而遭遇搁置，成为中资企业境外经营的深刻教训。另外一家央企在欧洲某国承包高速公路工程，也因为环境与社会风险导致财务损失。

2011 年，缅甸伊洛瓦底江密松水电站项目被突然叫停。时任缅甸总统吴登盛称，该电站可能会"破坏密松的自然景观，破坏当地人民的生计，破坏民间资本栽培的橡胶种植园和庄稼，气候变化造成的大坝坍塌也会损害电站附近和下游的居民的生计"。项目就此搁置①，导致中方投资人中国电力投资集团公司预计损失达 10 亿美元之巨。报道称，伊洛瓦底江上游开发项目计划用 15 年时间建设一个施工电源电站及七个（密松、其培、乌托、匹撒、广朗普、耶南、腊撒）梯级水电站。伊洛瓦底江上游开发项目总装机容量近 2000 万千瓦，总投资约 1600 亿元人民币，投资方特许经营期 50 年，期满后资产移交缅甸联邦第一电力部。据有关机构预测，密松水电站的建设对环境造成的不利影响主要表现在大坝阻隔及水文情势改变对鱼类的影响、水库淹没对陆生植物和陆生动物的影响、水库淹没对移民的影响等。这些负面影响叠加在一起，致使项目建设受到阻碍。

有研究表明，项目阻力并非只来自受到大坝影响的当地村民，也包括缅甸中央和地方政府各个派系、各种反对势力和非政府组织，甚至有外国政府势力插手其间。该项目是一个对环境社会因素十分敏感的项目，但是，项目投资方没有对前期环境社会责任合规管理进行充分评估，造成了不可挽回的重大经济和声誉损失。对比世界银行老挝南屯二号水电站项目耗时 10 年来进行环境社会影响评估，不能不说，密松水电站项目被叫停是"走出去"急行军的经验教训。②

2009 年，另外一家央企曾以远低于市场的价格竞标获得欧洲某国的一条高速公路工程承包项目。其中的一个主要教训是中国公司在工程建设中，没有为青蛙及其他小动物预留过路通道，也没有为此预留工程预算，忽视了青蛙等小动物的通行权。该国监管机构称，中国公司管理层似乎忽略了这项工程的某些关键要求，包括公路下面必须留有 3 英尺高的通道，目的是让青蛙及其他小动物安全穿过

---

① 至行文的 2022 年 4 月，该项目仍然处于搁置状态。
② 查道炯、李福胜、蒋姮主编《中国境外投资环境与社会风险案例研究》，北京大学出版社，2014。

公路。这些通道在欧洲的道路桥梁工程建设中是标准配置，但中国公司高管并未完全了解。[①]

（一）对外承包工程项目具有多方参与的复杂性

对外承包工程项目理所当然是国际项目。这些国际项目常见的情况是参与方众多，从国别来看至少涉及两个国家（项目所在国，承包商或投资方母国）；项目一般需要融资，因此还涉及贷款银行和贷款担保方或信用保险公司；在资金方面，因为是跨境项目，自然就有本币和外币的问题；项目所需的施工机械设备、各种建材和设备，有的需要从第三国采购；项目时常需要雇用东道国的分包商或工人，有些东道国政府的法律要求必须雇用一定比例的本地员工；项目通常体量大、执行时间长，多是大型成套或超大型项目；工程承包项目往往是竞争性的（中国公司虽然具有施工实力，但一般都是通过投招标获得的，投招标中的违规问题比较突出）；另外，对外承包工程项目涉及众多类型，如高速公路、机场、地铁等，不同类型也各有自身的特点。

（二）对外承包工程项目规模大，项目管理也更具有挑战性

中国企业对外承包工程项目中百亿美元规模的单个项目并不鲜见。比如，2019 年中国化学工程集团有限公司与俄罗斯天然气开采股份有限公司签署的波罗的海化工综合体 GCC 项目是中国对外承包工程有史以来最大的新签项目，合同额为 134 亿美元。该项目的签署一举创造了全球最大乙烯一体化项目、全球石化领域单个合同额最大项目、中国企业"走出去"签订合同额最大项目三项纪录，也使得中国化学工程在 250 家全球承包商排名中由第 27 位提升至 18

---

① 《中铁恨波兰高速公路》，经济参考网，2016 年 8 月 22 日，http://www.jjckb.cn/2016 - 08/22/c_135623328.htm。

位，上升 9 位，首次进入全球工程承包商 20 强。

（三）对外承包工程项目合同工期相对较长，项目实施过程中可能出现不确定性

大多数对外承包工程项目都是跨年度的，有的项目仅施工期就长达 3 ~ 5 年，甚至更长。在 BOT、PPP 这类国际直接投资（FDI）型项目中，项目质量保证和工程收款期可能长达 30 年。在一些对外官方发展援助（ODA）项目中，还偶有超长期项目。上述俄罗斯波罗的海化工综合体 GCC 项目，还没有大面积开工，自合同 2019 年签署到 2022 年已经是第四个年头了。除新冠肺炎疫情这样的突发事件影响项目实施进度以外，到了 2022 年初项目又面临俄乌冲突、西方对俄罗斯全面制裁等地缘政治风险。疫情、地区冲突、汇率、制裁等多重政治、经济、外交方面的风险叠加，肯定对项目管理（包括本文主要讨论的合规管理）带来前所未有的负面影响和不确定性。

（四）项目的国际化和本土化因素交织

境外投资和工程承包还会涉及众多的利益相关方。这些利益相关方除地方政府、合作伙伴、雇佣劳工、项目股东等直接的经济利益方之外，还可能包括项目所在地的原住民、未来的消费者、环境保护区动植物、国家公园，甚至媒体新闻记者、本地和国内的非政府组织（NGO）等。随着环境保护意识和人权意识越来越突出，对外承包工程实施过程中一旦出现这方面的合规风险，就可能导致巨大的损失。

二 对外承包工程 ESG 合规管理的国际标准体系

随着中国国际工程企业在全球工程市场地位和业务体量的不断升级，以及中国企业越发深入地融入国际市场，一些传统的管理理

念和市场开发手段也使得越来越多的中国企业遭遇多边机构的质询和制裁。其中绝大部分的违规行为出现在项目开发阶段。而其中也不乏一些中国企业，由于缺乏对多边机构准则和制裁机制的理解，对多边机构的调查和制裁程序应对失措，而受到制裁。这些制裁在使中国企业丧失项目机会的同时，也给企业乃至国家的声誉造成了重大的不利影响。

考虑到全球基建工程市场越来越多地认可多边机构的合规准则乃至制裁结果，本部分将重点介绍并解析以世界银行为代表的多边机构合规准则和制裁机制，希望可以帮助中国对外工程企业更好地理解、遵循并合理应对多边机构的合规准则和制裁机制，同时也给中国对外承包工程企业建立自己的合规管理系体系带来参考和启发。

（一）多边机构合规准则体系概述

与一般意义上的法律不同，多边机构的合规准则并非传统的司法裁决，而是遵循特定机构的内部程序性规则所做出的行政裁决。以世界银行为例，其合规方面的实体性规则主要包括诚信合规指南[1]、反腐指南[2]、采购指南[3]及顾问指南[4]等。这些程序性的规则列明了制裁措施、评估标准以及被制裁对象如何提起申诉等事项。

随着全球国际工程行业的发展，各国政府以及多边机构都更加重视合规体系准则，全球国际工程市场的合规要求整体水平正在不断提升，标准原则趋于统一，制裁罚则所带来的影响也在不断扩大

---

[1] World Bank Group Integrity Compliance Guidelines.

[2] Guidelines on Preventing and Combating Fraud and Corruption in Projects Financed by IBRD Loans and IDA Credits and Grants.

[3] Guidelines: Procurement of Goods, Works and Non-Consulting Services under IBRD Loans and IDA Credits & Grants by World Bank Borrowers.

[4] Guidelines: Selection and Employment of Consultants under IBRD Loans and IDA Credits & Grants by World Bank Borrowers.

和加深。2010 年，世界银行集团、亚洲开发银行、非洲发展银行集团、欧洲复兴开发银行、美洲开发银行集团签订《共同实施制裁决议的协议》。根据该协议，一家多边机构判定的违规行为和制裁措施，在满足一定条件时，该受制裁主体将遭受上述机构的交叉制裁。与此同时，越来越多的国际商业银行也逐渐向多边机构合规准则的标准靠拢，或限制下属单位对处于多边机构制裁期内的企业提供服务。

世界银行合规体系相对较为完备，且能够较好地代表大部分多边机构在合规方面的要求和原则，同时越来越多的多边机构和金融机构也在认同并参考世界银行的合规原则及制裁清单，因此本文将以世界银行合规准则体系为主，介绍项目开发阶段可能涉及的主要违规行为，同时对其制裁机制和受到制裁所产生的影响进行介绍和解析。

（二）主要违规行为

1. 欺诈行为（Fraud）

根据世界银行相关指南，欺诈行为是指通过任何作为或不作为（包括错误表述），蓄意或因为疏忽大意误导（或企图误导）某一方，谋取经济等利益或逃避义务。

欺诈行为是引发世界银行调查乃至导致制裁的最常见原因，也是在项目开发阶段非常容易出现的一种行为。最为常见的情况包括伪造投标文件、伪造银行保函、夸大财务能力、夸大技术能力等。尤其在投标项目中，部分企业在准备技术文件过程中有时会将母公司或集团的资质和业绩作为下属投标企业的资质和业绩，或夸大编造参与项目人员的简历，这些都是世界银行合规准则下明确定义的欺诈行为。

通常情况下，世界银行对于欺诈行为的认定主要分为三个阶段。首先，确认企业表述是否确实存在错误，多边机构可根据投标人自认、第三方声明，以及可证明投标文件中表述为错误或虚假的邮件等方式，认定投标文件存在错误。其次，判定该错误表述是否以获得不正当利益为目的，只要判定投标人是为了满足招标文件的某项要求而做出该错误表述，则可判定该错误表述为欺诈行为，至于投标人由此欺诈所获利益大小或对招标结果影响是否重大，并不影响判定。最后，在确定为欺诈行为后，多边机构还会根据行为人对这一错误表述的主观认知，确定欺诈行为的主观故意程度。如果投标人明知投标文件中存在此类错误表述，则构成"蓄意"；如果投标人注意到或应该注意到投标文件中存在该表述错误的风险，但在管控投标文件真实性方面缺少相应的监管核实措施，则构成"肆意"。上述三个阶段的判定共同构成判定欺诈行为的基本要件。

2. 腐败行为（Corruption）

根据世界银行相关指南，腐败行为是指直接或间接地提供、给予、接受或要求任何有价值物品，从而不正当地影响另一方的行为。

需要注意的是，这里所指的有价值物品并不限于资金，也不限于实体物品，而更多聚焦于该行为是否具有利益输送的本质，以及该行为与相关项目的相关性。除直接行贿或支付佣金的直接贿赂行为以外，腐败行为还包括赠送高价值礼品、豪华度假培训等出行安排，以及行为人按照受贿人要求从某些特定公司采购或向一些特殊基金会捐赠等。

3. 共谋行为（Collusion）

根据世界银行相关指南，共谋行为是指双方或多方之间的共谋，旨在实现不当目的，包括对第三方的行为产生不当影响。

在投标项目中，共谋经常表现为投标人与招标人或其他投标人串通投标。这种行为在基建工程行业尤为常见，比如一些在国内业务上有显著上下游业务关联的企业，其中一方有可能会要求其他方在国外某投标项目中配合其策略出价应标，形成围标，以帮助其按照目标价格中标。或者投标人通过与招标人串谋，了解到项目预算底线或其他家的报价情况，从而使投标人以目标价格中标。

4. 胁迫行为 （Coercion）

根据世界银行相关指南，胁迫行为是指直接或间接地危害或损害 （或威胁危害或损害） 任何一方。

从实际判例情况来看，胁迫行为在世界银行所有制裁判例中占比最低。通常情况下，胁迫行为常发生在与政府采购招标有关的程序中。例如某投标企业威胁要损害其他几家投标企业的商业利益，甚至采取不正当手段，导致其他企业无法正常进行报价应标。

5. 妨碍行为 （Obstruction）

根据世界银行相关指南，妨碍行为是指故意破坏、伪造、改变或隐瞒调查所需的证据材料或向调查官提供虚假材料，以求实质性妨碍世界银行对腐败、欺诈、胁迫或共谋等指控行为进行调查，以及胁迫、骚扰或胁迫任何一方使其不得透露与调查相关的所知信息或阻止继续调查，或行为旨在实质性阻碍世界银行行使审计或获取信息的合同权利。

（三） 主要制裁措施及影响

1. 主要制裁措施

根据相关指南文件，世界银行对违规行为的制裁措施主要有六种，分别为训诫函、补救与赔偿、附条件可豁免的取消资格、附条件可解除的取消资格、有期限取消资格、永久取消资格。具体介绍见表 1。

表 1　世界银行主要制裁措施及说明

制裁措施 （英文）	中文翻译	内容说明
Letter of Reprimand	训诫函	对于相对轻微的违规行为，制裁机构向受制裁实体或个人发送信函进行训诫。通常对象为对于独立违规事件缺少监管的受制裁实体附属机构

续表

制裁措施（英文）	中文翻译	内容说明
Restitution and Remedy	补救与赔偿	被制裁主体须向制裁机构或其他主体做出赔偿
Conditional Non-debarment	附条件可豁免的取消资格	受制裁主体可以继续投标并参与世界银行融资的项目，但其必须在规定期限内采取整改措施，建立有效的合规体系，或满足其他附加的特定条件，如期限内达成标准则可以免于取消资格
Debarment with Conditional Release	附条件可解除的取消资格	受制裁主体不得参与世界银行集团项下所有项目，但在满足一定条件之后（如采取有效整改措施、建立合规体系等），可以重新获得参与资格
Debarment	有期限取消资格	在规定期限内，受制裁相关实体或个人不得参与世界银行集团下所有项目
Permanent Debarment	永久取消资格	受制裁相关实体或个人永久禁止参与世界银行资助的项目

资料来源：根据世界银行相关指南收集整理。

实操中，世界银行在评估采取何种制裁措施时，会综合考虑违规行为严重程度、造成损害的程度、违规主体此前违规记录、是否妨害调查以及其他影响处罚力度的因素。根据其现行制裁程序，为期 3 年的附条件可解除的取消资格是最为常见的基准制裁措施。

2. 制裁影响和范围

这里的取消资格，通常是遵循禁止受制裁主体从世界银行获利的基本原则。通常情况下，被取消资格的主体不仅被禁止参与世界银行资金融资的项目招标，同时也被禁止成为任何世界银行资金项目主体的制定分包商、顾问、制造商、供应商。

除了上述与世界银行项目直接相关的影响以外，受制裁主体在全球市场的信用也将受损，并由此受到更大范围的影响。根据《共同实施制裁决议的协议》，被一家多边机构公开取消资格超过一年的受制裁主体，将可能触发多边交叉制裁，并因此丧失参与其他多边开发银行项目的机会。此外，一些合规标准较高的国际企业或机构，往往在与处于多边机构制裁期内的主体（有时甚至是曾经被制裁的主体）开展商务合作时面临其内部制度的约束和阻碍。一些政府主权类的招议标项目，即使并无多边机构参与，有时也会要求投标企业就其受多边机构制裁情况进行说明，或者直接禁止被制裁企业参与。

有时上述制裁行为还会产生连带制裁，覆盖与该项目或该违规行为有关的关联主体，亦有可能波及对违规行为主体负有管理责任的上级公司。2019 年 6 月，中国某集团公司两家下属公司参与欧洲某国世界银行项目投标时，被世界银行认定存在不合规行为，并最终对包括两家投标公司在内，该集团下共 733 家单位进行了不同程度的制裁。① 尽管该制裁并未触发其他多边机构的交叉制裁条件，且相关企业与世界银行一直在积极修正违规行为，但可以想见，此类制裁行为对于受制裁企业乃至整个行业都产生了较为深远的影响。

（四）多边机构违规调查程序

由于缺乏相关经验，一些企业不熟悉多边机构的调查程序机制，错过了申诉澄清的最佳机会，甚至可能出现妨碍调查的进一步违规行为。因此，相关从业人员需要对多边机构违规行为的判定原则和调查评估机制有准确的理解。

尽管各家多边机构对于违规行为的调查认定程序不尽相同，但大体步骤比较接近。此处仍以世界银行的调查审核程序为主进行介绍。世界银行对于违规行为的调查程序体系主要由一组程序性规则指引性文件构成，主要包括《世界银行制裁程序》（The World Bank Sanction Procedural）、《制裁委员会规则》（Sanction Board Rules）以及《世界银行制裁指南》（The World Bank Sanction Guideline）等。

---

① 何园媛、胡静：《世界银行制裁措施及制裁下的合规体系构建》，《中国对外贸易杂志》2020 年第 1 期。

这些程序性指引列明了世界银行对违规案件的调查认定程序、考量因素以及被制裁对象如何提出申诉抗辩等具体事宜。

根据上述程序性指引，世界银行采用一级发起、两级审核的独立调查程序，主要包括以下几个步骤。

1. 调查与和解程序

根据相关指引，通常对违规行为的调查由世界银行下属廉政局（Integrity Vice Presidency，INT）根据举报等线索启动。当 INT 调查并认定有充分证据证明行为主体确有不当行为时，INT 将向被控主体发出质询函（Show Cause Letter），告知其存在不当行为，并给予被控主体向 INT 说明情况的机会。如根据进一步沟通结果，INT 仍认为被控主体存在不当行为，则会向第一级审查部门资格暂停和除名办公室（The Office of Suspension and Debarment，OSD）提交指控声明（Statement of Accusations and Evidence，SAE）。

通常情况下，INT 在向下一级机构提交指控声明之前，会向被控主体提出和解协议，被控主体可选择承认其存在违规行为，并同意按照世界银行要求和建议实施相关整改方案，以此换取降低制裁等级的条件，即进入和解程序。在极少的案例中，被控主体可通过在此调查阶段实现整改，获得世界银行的认可并由此撤回指控程序并终止调查。

2. 第一级审核（First-tier Review）

INT 向 OSD 提交指控声明后，OSD 通常会向被控主体发出一份制裁程序通知（Notice of Sanction Proceedings），告知其关于违规行为的指控、证据、建议的制裁措施。如制裁措施包括至少 6 个月的取消资格，则 OSD 会同时先行取消被控主体从世界银行项目获益的资格，如被控主体收到通知后并未提出异议，则 OSD 将对其执行最终制裁。

3. 第二级审核（Second-tier Review）

如被控主体对 OSD 的制裁通知内容存在异议，则该案件将被提交到世界银行的制裁委员会（Sanction Board）进行第二级审核。该委员会由 7 名独立的外部仲裁员组成，负责对违规行为进行最终判定，一旦该委员会做出最终决定，则被控主体再无申诉权利和途径。

（五）有效的申诉应对

1. 正确理解违规判定原则

尽管对世界银行等多边机构的合规准则具有一定概念性的理解，但由于商业文化背景差异以及国际业务经验不足等诸多原因，许多中国国际工程企业往往对于违规行为的认定原则存在理解上的误区，导致一些企业做出了多边机构明确定义的违规行为却不自知，或认为并非主观违规，从而放松警惕，甚至错过申诉澄清的最佳时机。

如前所述，多边机构的合规准则通常并非传统的司法裁决，而是遵循该机构内部程序性规则所做出的行政裁决，因此在认定标准以及举证手段等方面，违规判定与一般意义上的法律仲裁仍有一定的区别。

（1）主观动机与专业能力并重

多边机构裁定的违规行为并不一定是违法行为，而是一种对行为主体履行相关义务可靠程度的行为判定准则。这种判定不仅局限于道德和法律层面，同时也涉及对行为主体专业素养和能力的判定，是具有一定行业专业背景因素的。以世界银行合规准则下的欺诈行为为例，"不知者不罪"这一单纯道德角度的评判标准并不能令行为主体免受制裁——对于具有参与世界银行项目资格的企业，应该具备基本的管理水平和管控能力，充分保证在其投标文件中不会出现此类错误表述，否则就不具备参与世界银行项目的基本能力。

（2）调查机构举证义务较低

大部分多边机构违规裁定的原则均采用英美法民事诉讼中常见的优势证据标准，即只要证明被调查人"更有可能"进行了腐败、欺诈、共谋等违规行为，即可予以制裁。在一些共谋行为判例中，调查机构并未提供投标者串通投标的直接证据，仅需举证证明不同投标人的投标文件出现不合理的雷同或近似，即可完成其举证责任。接下来举证责任就将转移到申辩的行为主体，如其不能提供充分的反证，或对投标文件雷同或近似提出合理的解释，则制裁委员会将推定存在共谋行为。

（3）雇主责任

多边开发机构通常倾向于遵循"雇主责任"的原则，即认定在以下情况下，公司主体对其所有员工和授权代表的行为承担替代责任：该员工或授权代表的违规行为在其受雇和被授权期间以及受雇和被授权范围之内；该员工或授权代表的违规行为至少有一部分是出于为公司主体服务的目的。以世界银行准则下的腐败行为为例，如某公司的员工或授权代表行贿，以帮助该公司中标项目，从而使其个人获得奖金或提成，此种情况下上述两条触发雇主责任的条件全部满足，因此无论其所代表的公司是否知情，该公司大概率都会面临制裁。如前所述，多边机构的违规判定并非仅限于道德和法律层面，对于此类违规行为缺乏有效监管机制和防范措施的企业，同样被认定没有资格和能力履行相关义务。

2. 合理应对有效申诉

如前文所述，世界银行对于违规行为的调查和制裁判定程序较为严格，其中被控主体只在少数几个阶段拥有澄清和申诉的机会。因此企业一定要高度重视，积极应对，并充分利用好几个宝贵的窗口期，尽可能将申诉澄清的效果最大化。

（1）迅速反应，全面掌握情况

一般情况下，企业可将收到 INT 审计请求或质询函作为启动应对制裁系列工作的触发条件，这也是应对世界银行违规行为制裁的第一个和最重要的窗口期。一旦收到 INT 的质询函或其他调查审计的诉求，企业应当高度重视，并迅速启动相关工作，深入展开内部调查，第一时间尽可能多地掌握相关情况。同时，对于并无专职合规部门或专业团队配置的企业，应尽早引入外部律所等专业机构，预估后续调查方向，评估制裁风险，制定给 INT 的反馈内容和方案以及后续整体澄清申诉的博弈策略，同时组织专业团队与世界银行团队进行深入沟通和谈判。

第二个窗口期，出现在 INT 向下一级审批机构 OSD 提出指控声明之前。此时被控主体仍有机会承认存在违规行为并与 INT 达成和解，从而结束调查程序，换取较轻的制裁处罚。或者在一些违规行为并不严重的情况下，按照世界银行相关机构的指导，迅速同步整改，同时尽力做好与 INT 的沟通工作，尽最大可能减小处罚力度。对于被控企业而言，应尽量将申诉澄清工作的重心放在前期，或可以通过详尽的澄清和积极的沟通，尽量避免 INT 向 OSD 正式提交指控声明。

第三个也是最后一个窗口期，则是在 OSD 完成第一级审核并向被控主体发出制裁程序通知之后。此时被控主体仍可以选择上诉，并将案件发送至世界银行制裁委员会进行最终裁定。尽管此阶段的抗辩仍存在降低制裁等级的可能性，但从实际情况来看，世界银行鲜有在最终阶段对 INT 和 OSD 此前裁定做出颠覆式改判的先例。

（2）必要时优先达成和解

面对世界银行违规行为质询时，被控企业在充分了解案件实际情况之后，需要在具有丰富经验的专业机构指导下，客观分析衡量各种方案的可能性以及后果，制定合理的博弈目标和取舍策略。

通常情况下，当 INT 发出质询函时，其对违规行为已完成了初步的调查和取证。因此在必要的情况下，被控主体争取与 INT 达成和解，而非坚持追求完全豁免，这也是一种损失最小化的策略。在 INT 向 OSD 提交指控声明之前，被控主体可以与世界银行签署协商解决协议（Negotiated Resolution Agreement）达成和解。在该协议中，被控主体需承认自己对该违规行为承担一定责任，并同意接受世界银行指定诚信合规官（Integrity Compliance Officer，ICO）的监督和指导，通过对违规人员进行处理以及建立相应管理制度等方式，对违规行为进行纠正。

（3）积极配合，尽快实施整改

一般情况下，如被控企业受到的制裁措施为"附条件可豁免的取消资格"或"附条件可解除的取消资格"，则世界银行会在做出制裁决定后指派诚信合规官对被控企业提出整改要求。在一些案例中，被控企业通过积极与 ICO 合作，取得了较好的整改效果，如成功建立了完善的内控合规体系等，最终成功地减轻了制裁。

三　建立完善的海外项目开发 ESG 合规管理体系

由于全球各个国家在法律、商业、人文等环境和文化方面均存在巨大差异，对外承包工程项目开发工作的 ESG 合规管理本身就具有独特的复杂性和敏感性。尽管中国大部分对外承包工程企业在开发阶段均有一定的 ESG 合规管理要求，但大多仍是基于中国法律合规体系和理念的制度建设，缺乏一套完整的、与全球市场规则和行业惯例兼容的合规标准、行为指引以及管理体系，对开发流程的工作进行指导和约束，这也使得中国企业在实施海外项目开发时的合规管理效果不尽理想。

环境与社会冲突风险可以在实践中通过社区沟通、利益重构、专业诊断与咨询等 ESG 合规管理中的独特运行机制得到有效化解。

2014 年，缅甸与中国企业合资的莱比塘矿场扩建计划引发了当地民众抗议。此后，企业成立专门的社会责任部门、聘请专业咨询公司，组织了多次大规模的社区沟通。沟通形式从一开始的集会宣讲转变为后来的一对一入户沟通，不仅获取了各家庭失地的详细情况和村民的真实诉求，更真正促进了中国员工与当地村民的相互理解。为长期维护社区关系，公司在营地入口设立社区沟通办公室，建立起申诉响应机制。经过充分沟通，公司除了重新进行征地赔偿，还实施了"待业补助金计划",制定了为期 30 年的补助金整体规划。超过 80% 的村民接受了这项计划,为项目重启奠定了基础。这是缅甸历史上第一个由企业带头创建的社保制度。截至 2020 年 6 月,接受待业补助金计划的村民比例超过了 90%。[①]

除现金支持外,企业还制定了可持续生计长期安排。通过针对性采购计划、能力建设和咨询,帮助失地村民组建施工队、运输队、木工队等,发展畜牧养殖,改变以农耕为主的生活方式,获得新的生计手段。公司承诺,在建设期内每年投入 100 万美元,进入运营期后将每年 2% 的净利润用于社区帮扶。帮扶主要涉及修桥修路、通水通电、兴建学校医院、在失地村庄派驻流动医疗队等公共服务项目,真正解决村民的迫切需求问题。

由上述可见,对于境外项目实施中遭遇的环境与社会风险,企业需要开展细致、耐心的 ESG 合规管理工作。通过依法合规经营和承担项目所在地的社会责任,既能及时推进项目工程实施,也可以保护投资方自身的权益。在缅甸的莱比塘铜矿项目中,中国企业在冲突发生后做了大量的社区沟通工作,使得项目工程顺利复工、复产,获得了比较好的效果。该项目也为中资企业对外承包工程和对外直接投资积累了化解环境与社会冲突、履行企业社会责任方面的良好经验。

合规经营一直是中国企业制度管理和文化建设中最受关注的目标之一。我国政府也高度重视对外承包工程企业的合规管理。2018年,国家发改委等七部门联合印发了《企业境外经营合规管理指引》。2019 年,国务院国资委发布《关于加强中央企业内部控制体系建设与监督工作的实施意见》。在上述文件精神和政策方向的指引下,未来我国对外承包工程企业的合规建设需要朝着更加系统化、

---

① 战姿:《中资企业境外项目社区沟通实践——以莱比塘铜矿项目为例》,《国际工程与劳务》2021 年第 11 期。

精细化，以及更具国际市场兼容性，且更具实践指导意义的方向迈进。

为此，相关企业有必要深入研究世界银行等多边机构的合规准则和执行程序以及相关合规指南性文件，并结合我国相关政策文件内容，建立符合自身行业和企业特点，同时也符合国际市场实际需求的健全完备的开发合规体系，以及切实可行的制度机制。

海外基础设施项目 ESG 合规管理及案例分析

王军民　靳蕊晔 *

ESG 作为一个国际普遍认可的投资策略评价标准，已经逐步改变了人们单纯追求项目经济效益的认识，从而更多考虑利益相关方的利益和社会效益以及可持续发展。在 2018 年 8 月 27 日推进"一带一路"建设工作 5 周年座谈会上习近平总书记发表重要讲话指出，要规范企业投资经营行为，合法合规经营，注意保护环境，履行社会责任，成为共建"一带一路"的形象大使。要高度重视境外风险防范，完善安全风险防范体系，全面提高境外安全保障和应对风险能力。

虽然中国企业在"一带一路"项目建设方面取得了很大成绩，但是，要在承揽基础设施工程中更好地达到环保要求和承担社会责任，以及在公司治理方面进一步实现与国际规则的软联通，提高合规的软实力，进而增强硬实力，中国企业尚需做出更大的努力。

一　案例中 ESG 合规管理的环境问题及处置

从发生的一些案例来看，ESG 合规管理的突出问题在于相应的合规理念与文化尚不牢固，知识与经验不足，以致企业不知道如何

＊　王军民，中国海外工程有限责任公司原总法律顾问兼法务合约部部长；靳蕊晔，北京卫蓝新能源科技有限公司高级法务经理，中国海外工程有限责任公司法律合规部原副部长。

能做好。还有，对于项目的 ESG 合规管理的认知程度及技术水平，不仅不同企业之间存在差异，即便是在同一企业内部的高管之间、上下级之间、部门之间，也同样存在不同程度的差异。我们常常发现，即使在不同国家创造了辉煌业绩的企业，也会在局部发生不合规的问题。尤其是延伸到国外的项目部，这种认知程度及经验水平的势能递减，必将导致企业面临更多的合规风险。

当然，除了一定的主观原因，有时一些特殊的客观因素也会导致风险发生。尤其是在新开发的市场承揽 EPC 工程承包项目，由于时间较短，调查工作难以做到全面细致，如果再缺乏与当地环保机构的交流合作，就很难发现具有当地特色的物种多样化保护的问题。如中国 A 公司在中标后实施欧洲 B 国高速公路项目过程中，遇到的"小青蛙"事件就是一个典型的案例。

中国 A 公司是中国最早在国际市场长期经营的工程公司之一，先后在亚洲和非洲几十个国家成功实施大量工程，并获得了良好的信誉，曾多年名列美国《工程新闻记录》（ENR）"全球最大 250 家国际承包商"榜单。其在开发欧洲市场中也是中国企业先头部队中的一员。该公司首先在欧洲 B 国以 EPC 总包方式中标一个度假酒店项目，后续又中标了上述高速公路项目，这也是中国公司在欧洲市场中标的第一个基础设施项目。该公司凭借在开拓 B 国市场中获得的关于投标程序及资料要求方面的经验，曾帮助中国与 B 国的相关政府机构，就两国对在 B 国投标程序中所需资料的理解差异和中国行政管理实践中的相关情况进行了解释与交流，使 B 国政府机构对中国的有关规定加深了了解，也使中国企业在 B 国的投标资料获得认可，为更多的中国企业进入 B 国市场进一步铺平了道路。中国 A 公司为开拓和促进两国的经济合作做出了一定的贡献。

中国 A 公司承包 B 国一段高速公路项目，在工程占地范围内有几处大小不一的雨水积水小池塘。常规做法是将水放掉，把水塘填埋平整。但该国认为，因 10 月 31 日以后青蛙已经开始冬眠，不能自行转移，所以禁止填埋水塘，要求施工方把水抽干后，由环保人员亲自将青蛙移走，否则将被视作违规并给予处罚。该路段沿途一共生存着七种珍稀两栖动物，包括一种雨蛙（*Hyla arborea*）、两种蟾蜍（*Bufo bufo* 和 *Bufo calamita*）和三种青蛙（*Rana temporaria*、*Rana arvalis* 和 *Rana esculenta*）以及一种名为"普通欧螈"（*Triturus vulgaris*）的动物。这对于在当地没有类似经验的外国承包商来说的确是难以预料到的情况。承包商经与当地环保部门协商拟定了合规的实施方案，使事情得到了妥善解决。

由此案例总结的经验是，国际承包商到其他国家在生疏的环境下施工，应格外重视当地环境保护的法律规定及习惯，尤其是对具有当地环保特色的细节，要提前调研了解并向当地环保机构咨询，根据当地专业人员长期观察研究的资料及规定和建议，设计相关施工方案。企业应做到"入乡随俗"，如因不了解情况而发生违规行为，不仅会影响工程进度和增加施工成本，还会造成负面的舆论影响。

二　案例中 ESG 合规管理的其他问题及处置

在投标 B 国高速公路项目时，中国 A 公司结合对 B 国当地情况的了解，拟定了提前锁定分包商及材料供应商、派出中国设计队伍与当地设计机构合作、筹备派出中国施工队伍等保证项目顺利实施的基本方案。但遗憾的是，在中标后项目部没能实行上述方案，再加上其他多种因素，造成了非常被动的局面，最终导致终止合同。

（一）项目基本情况

欧洲 B 国高速公路项目（以下简称 M 项目）是该国政府为举办重大赛事新建的一条双向四车道、设计时速 120 公里的 A 级高速公路，总长 91 公里。该项目为该国政府公开招标项目，共分 5 个标段，采用设计、采购、施工总承包（EPC）方式，项目合同以 FIDIC1999 版银皮书和红皮书为蓝本拟定。2009 年 9 月 28 日，中国 A 公司、中国 B 公司、中国 C 公司与该国 D 公司组成总承包联合体，中标了该项目 A、C 两个标段，合同总标价 4.47 亿美元。项目合同总工期 32 个月，开工时间为 2009 年 10 月 5 日，计划完工时间 2012 年 6 月 5 日。

2010 年 10 月，业主致函联合体，指出 M 项目存在工期滞后问题，业主将按合同约定对项目联合体进行罚款，同时下达 21 天的整改期限。2010 年 10 月 27 日，联合体董事会派出工作组赴该国进行现场检查，并对项目预期进行了初步评估，查找出了项目设计滞后、工期滞后、关键分包合同未签约、联合体内外沟通不畅等方面的主要问题，并及时向董事会提交了情况报告。2010 年 11 月 12 日，A 公司与 B 公司（两公司合计持有联合体股份的 90%）主要领导组织召开 M 项目专题会议，决定更换项目经理，并对项目进行抢工。

2011 年 4 月 14 日至 28 日，联合体董事会派出成本测算工作组对项目进行测算，测算评估结果为：如果按 A、C 两标段 2012 年 8 月基本完工来测算，由于材料市场价格比投标期间大幅度提高，预计资金缺口峰值巨大，项目将会产生巨额亏损。

根据测算结果，经联合体董事会研究决定，根据市场情况发生重大变化时承包商有权向业主提出调整价格申请的 FIDIC 基本原则，联合体与业主进行谈判，要求修改合同和索赔，但均被业主拒绝。联合体不得已开始考虑终止项目合同。但由于业主在招标文件主合同中删减了 FIDIC 中的终止条款，删除了业主未能执行资金安排等内容，并将业主延期付款的容忍期间从 42 天延长到 84 天，使联合体终止合同的合理依据不足，终止难度加大。

经过多方咨询和论证，联合体于 2011 年 6 月 3 日根据合同第 16.2 条的规定，以业主没有实质履行合同义务为由向业主递交了《关于终止 M 高速公路项目 A、C 标段合同的通知函》。通知函中联合体认为，业主通过作为其雇员的项目工程师，无理拒绝了联合体方的合理索赔（包括考古停工的索赔、隔音屏技术规范的改变而增加工作成本的索赔、业主改变混凝土吸收液的统一规定而引起的索赔等），多次在没有任何正当理由的情况下开具严重低于实际完成并被确认的工程量的期中付款证书等。业主上述行为最终构成了项目主合同第 16.2 条规定的业主没有实质履行合同义务，承包商有权终止合同的情形。

但业主认为其没有违约，并认为承包商终止合同无效。随后业主根据合同第 15.2 条的规定，以承包商放弃施工、延误工期、拒绝业主修补指令、承包商资金不足等为由，于 6 月 13 日也向联合体方发出了终止合同通知函，合同于 2011 年 6 月 27 日正式终止。

（二）风险处置情况

合同终止后潜在的财务及非财务损失主要包括：项目前期投入、沉淀资产已完未验、赶工垫资费用；保函损失及保函利息费用；业主索赔；分包商供应商索赔；公司在该国及欧洲市场失信，丢失目标市场。

项目合同终止后，双方分别在中国和项目所在国就纠纷事项向当地法院提起诉讼，并进入了漫长的审理过程。旷日持久的诉讼工作不仅加大了企业的经济损失，还对企业的声誉造成了极为严重的不良影响，直接影响到了企业在国际市场的经营活动。为了尽快解决项目的遗留问题，消除不良影响，联合体达成一致意见，决定争取创造条件尽快开展与业主的和谈和解工作。

2014 年 11 月，联合体派出和解谈判组与业主进行会谈，双方均希望以和解谈判解决 M 项目纠纷。随后，联合体董事会根据与业主的会谈情况及国内外银行保函案的诉讼情况，主动申请撤销了国内保函诉讼，支付了保函及延期支付保函的法定利息。随后向业主致函强调了中方推进和解的诚意，希望双方以诚恳的态度和实际的行动推动公平和解目标的早日实现。

业主收到保函及利息后，立即向当地法院提出申请，表示正在与联合体进行和解谈判，要求暂停主合同诉讼的审理程序。此后联合体又与业主进行了数次会谈，并明确而坚定地向业主提出，联合体已经以极大的和解诚意支付了保函和利息，不应再承担更多的损失；项目二次招标程序不合法，联合体不应承担相关费用；事实表明，合同终止不是联合体单方的责任，所以，业主方也应承担相应的损失。

双方共同努力，终于达成了一致意见。联合体代表和业主代表共同签署了项目合同纠纷和解协议，并依照该国法律要求进行了公证。

和解协议签署后，双方履行了各自义务。业主在其网站上就项目达成和解一事进行披露，业主表示此次和解达成是联合体作为可信任和可依赖的合作伙伴的表现，并且在很大程度上促进了两国经贸关系的发展，还特别强调希望将来仍与中国公司开展进一步的合作。此次和解履约完毕，标志着 M 项目主合同纠纷友好解决。

至此，这一长达六年的跨国合同纠纷得到妥善解决，避免了更大的经济损失，中国外交部和国务院国资委等有关部门对结果给予了充分的肯定。中国驻该国使馆经参处参赞表示此次和解清除了两国经贸往来中的一道障碍，为两国政府所乐见，为中国公司在该国投资建设掀开了崭新一页。

三 案例教训总结

M 项目的终止给中国企业造成了巨大的经济损失和重大的负面影响，通过对项目前期运作、投标签约、工程实施到合同终止各阶段的全面调查分析可知，造成 M 项目重大损失的原因可以分为两大类。

一是合规管理运行机制失控。联合体投标报价偏低且未能有效落实曾拟定的事先锁定分包商及供应商、派出设计队伍与当地合作以及及时派出中方施工队伍的有利方案，管理失控。

二是合规风险评估尽调不充分。该国同时开工多项大型基础建设工程，导致当地市场的原材料、机械租赁价格以及劳务费用急剧上涨。业主未能及时支付部分已完成且批准的工程款，拒绝因考古挖掘等工程造成工期延误的索赔、因新的环保法律要求提高声屏障标准而产生索赔。具体环节分析如下。

（一） 成本测算不准确，低于成本中标

M 项目是中方首次在该国市场承揽的大型项目，投标组对该国建筑市场的了解不够深入，对建设管理程序不够熟悉，对当地施工资源情况调查不充分，对标书研究不透，忽略了对业主 PFU（功能使用方案）的重视，没有充分预计项目的工程量和资源组织难度，投出的标价明显偏低。作为大型的 EPC 总价合同，低价中标为项目埋下了亏损隐患。

在后期审计中发现，在项目评审时，项目团队并没有全面且如实向 A 公司上报材料，在立项和投标阶段缺少尽职调查报告、合同重要条款翻译等关键资料，现场调查报告内容不完善，对当地建设管理程序、施工环境、法律法规、技术规范和环保要求均缺乏详细的了解，导致企业在评审过程中无法对项目的全面情况进行评估。

（二） 合同条件苛刻，缺乏有效措施

据了解，由于 M 项目业主在与某些欧洲建筑商合作的过程中经常遭遇因索赔而发生的诉讼纠纷，出于自我保护的目的，业主设计了一套对承包商非常严苛的合同。M 项目主合同规定，合同的一般条款为 1999 年版的 FIDIC 合同，但没有标明是 FIDIC 合同的哪一个类别。从内容来看，M 项目主合同更接近 FIDIC 银皮书（EPC 项

目），但同时业主又采用了部分红皮书（施工条件合同）的规定。特别是删除了银皮书第 3 章"业主的管理"，改为红皮书第 3 章"工程师"，导致无法用 FIDIC 银皮书或红皮书的原则解释主合同的条款，给承包商解读合同造成了很大的困难。同时，业主又在合同中设置了大量对承包商不利的条件，增加承包商的负担，并减免业主方的责任，主要包括以下方面。

1. 最大限度地扩大业主终止合同的权利

在主合同第 15.2 条业主终止合同的理由中增加了"无法获得批准设计和施工许可的最终决定，并超过在标书附件——合同信息中说明的期限达 28 天以上的"。但由于业主删除了第 2.2 条"许可、执照获得批准"，免除了业主帮助承包商获得所在国法律规定的相关许可的义务，同时根据主合同第 5.2 条承包商文件的规定，获得设计批准和施工许可的责任被完全转嫁给了承包商，使业主可以据此扩张其终止合同的权利。同时业主将此项与"承包商放弃施工或以其他方式表明不继续按照合同履行其义务的意向"放在同一条，更是将超期未能获得设计批准和施工许可作为严重的实质性违约的行为来处理。

第 15.2 条 c 款无合理解释未能按照合同第 8 条实施工程或遵守修补工作通知的条款中去掉了"无合理解释"这一承包商的保障条件。

2. 删减承包商终止合同的权利

在主合同第 16.2 条承包商的终止中，业主完全删除了"业主未能执行第 2.4 条［业主的资金安排］"和"业主违反合同转让权利"这两条承包商终止合同的有利依据，同时将业主延期付款的容许期从 42 天延长到了 84 天。业主删除承包商可终止合同的依据，增加了承包商的履约压力。

在第 16 条承包商的终止条款下第 16.4 条终止时的付款中，业主也删除了原 FIDIC 条款中"付给承包商因此项终止而蒙受的任何利润损失，或其他损失或损害的款额"一项，改为"向承包商支付标书附件——合同信息中给出的终止合同的赔偿金"。这种变更损害了承包商面对不可预知甚至是业主导致的损失时受到保护的权利。

3. 删除或缩减了承包商要求变更、索赔的权利

在主合同第 13 条变更和调整中，业主删除了 FIDIC 合同规定的因成本变动的调整，通过让承包商在合同中承诺已理解 PFU、SIWZ（项目重要条件规范），并完全理解合同条款和因此产生的后果，不会对这些问题要求任何索赔等，压缩承包商的索赔变更空间。

另外，在合同中规定因业主或工程师等原因进行变更造成承包商有权进行索赔的内容中，业主将获得"合理利润"的 13 处表述删除，缩减了承包商索赔的权益。

除了上述条款的变更外，M 项目主合同中还有许多不利于承包商的规定，如删除友好解决、争端裁决委员会及仲裁相关的全部条款，代之以由业主所在国法院管辖的条款等。

在评审过程中 A 公司工程部、财务部、法律部等重要风险管控部门均提出了合同条款过于苛刻、缺少索赔变更条款等重大潜在风险的意见。但是项目团队为了中标并打开市场，忽视了重大潜在风险的提示，没有编制风险应对方案，也没有将可能的损失包含进成本中。

（三）项目管理松散，顶层设计不畅

M 项目联合体由联合体组成董事会作为项目的决策机构，项目经理部由董事会授权执行项目。一是联合体协议对各方成员在项目履约过程中的责权约定不够明确，且联合体董事会成员分别由各单位领导兼任，形式上较为松散，导致各方意见难以统一，集中决策效率低。二是管理不畅，作为联合体股东单位的 A 公司、B 公司总部职能部门无法直接对接项目部，只能通过联合体董事会秘书处监管项目部，管理路径长，信息不畅通，造成对项目履约过程监控严

重滞后或缺位。三是董事会对项目日常监管缺乏有效手段，导致项目经理权力过大及对董事会的决策意见缺乏有效的执行力。在项目前期，受项目部信息传递失真的影响，联合体董事会未能及时发现项目实施中的重大问题并采取必要调整措施；在项目被动抢工阶段，项目部又未及时准确测算工程成本并向董事会报告实际情况，联合体董事会也没有及时对项目进行实地调查，对项目持续的亏损积累没有敏感认知，纠正决策严重滞后，最终造成了难以挽回的重大损失。

（四）设计选择不当，出图可行性差

一是设计单位选择不当。M 项目设计工作原定以中方设计人员为主、所在国设计公司配合出具设计文件，但实际实施时却是分包并全权委托所在国设计公司设计，设计过程无中方人员参与，导致中方对设计方案不知情，对设计质量难把控。二是设计方案可行性差。设计公司的方案脱离现场实际需求，设计方既没有研究地质资料，也未做详细地勘，过分注重工程保险系数，一味追求设计方案易于过审，忽视了方案的经济性和可行性，导致设计标准过高，工程量增加过多，施工难度加大，项目成本激增。三是设计质量不高，合同工期一年后，由于报出的部分设计文件存在缺陷，不符合 PFU 要求，不能及时开工，影响了工程进度。加之原设计过于保守，明显缺乏经济性的方案，而且工期紧迫，丧失了优化设计的机会。

（五）施工准备不足，资源组织不力

一是项目前期策划不足。前期施工准备的充分性、针对性及适应性差，项目经理部未采纳投标时策划的施工组织方案，也未及时制定针对性的实施性施工组织方案。二是资源组织不力。合同工期第一年一味地等待设计公司的设计文件，并设想在一年后集中报批设计方案再正式进入施工阶段，没能像其他标段边设计边组织施工。

开工第二年施工便道等临时工程也没能先行完成，各施工队伍陆续进场开工，严重影响了工程进度，造成了后来抢工的被动局面。三是未储备物料和锁定分包商，致使施工所需材料储备严重不足，对后期材料价格的波动趋势缺乏合理预判，导致了后期因资源紧缺和物价上涨而带来的成本大幅增加。

（六）抢工准备仓促，现场管理粗放

由于项目现场进度严重滞后，为了挽回企业形象，证明履约能力，联合体在未开展详细的成本测算以及继续履约的风险分析的情况下仓促地组织拼抢工期。这种"反季节、非常规"的施工状态导致物资设备及人员的投入远远超出了合同预算成本。同时，全线同时施工，工作面过大，而项目管理力量不足，致使现场管理粗放、施工效率较低，不可避免地出现了窝工、息工、设备台班多计、租赁设备闲置、周转材料占用期过长等现象，造成资源浪费严重、施工成本大幅度增加。

（七）决策执行不实，信息反馈失真

M 项目在项目经理任用方面存在严重失误。一是首任项目经理没有海外项目管理经验，对设计建造总承包项目规则不熟悉，缺乏语言沟通能力，盲目乐观，对于项目风险评估的不同意见采取抵触态度，合规管理意识淡薄，对公司诸多管理要求置若罔闻，未能落实到位。尽管项目董事会在投标后作出了成本锁定和设计控制的决议，但项目经理在实际操作中并没有认真执行，且未能及时向后方反馈真实信息，报喜不报忧，导致公司不能及时做出正确决策。二是由于缺乏熟悉当地语言的相关人才，项目部被动地采取了以当地人为主的管理模式，许多重要工作和关键岗位交由该国雇员负责。中方人员海外管理经验不足、语言交流不畅，对该国雇员管理失控，失去了与业主和工程师的直接沟通渠道，丧失了对分包商管理的主

动权。

（八）证据留存不够，索赔准备不足

在欧洲市场，往往项目开工不久，承包商与业主就展开索赔与反索赔的博弈，而相对公平的法律环境和旷日持久的法律诉讼审理程序，使得业主并不会因买方市场而占优势。但对于 M 项目，联合体在项目实施过程中对合同理解不深、证据留存不够、索赔准备不足，到与业主发生纠纷计划终止合同时，才着手收集整理了一些索赔文件，以备谈判之需。但终因文件准备仓促，未能有效支持索赔诉求。

（九）争议解决机制不利，司法效率不高

由于业主在招标文件中未采用 FIDIC 中关于友好解决纠纷和仲裁的条款，改为规定由业主所在地的法院管辖，联合体只能被动接受该条款。

联合体在诉讼过程中遇到了许多问题，例如，由于该国法院诉讼规则与国内不同，对缺席庭审的规定较为松散，不论是当事人还是证人，只要通知法院因故不能出庭（不论是客观原因还是主观原因），法院都会另行安排开庭时间，导致诉讼时间极为漫长。同时，由于 2011 年前后业主管辖的多个大型基建项目都发生了纠纷，法院工作量激增，个案分配时间减少，法院在审理本案主合同诉讼过程中，仅传唤了 5 名证人，还有 24 名证人一直等待传唤做证。这样的审判效率必然会使联合体支付更多的律师费以及其他人工成本。业主的这种条款其实是选择了对其单方面最为有利的条款，不仅阻断了友好协商解决纠纷的可能性，也回避了实践中更为灵活，较可能依据实践公平性进行处理的仲裁，对承包商极为不利，应当引以为戒。

四 案例经验总结

本案例作为一起重大的跨国合同纠纷，经过数年的诉讼及谈判过程，最终能够达成和解，可以总结出以下几个方面的经验。

（一）解决策略合理，应对措施得当

第一，对支付令提出异议，争取更多的谈判时间。业主一开始寄希望于通过当地法院的简易司法程序确认联合体违约并收取违约金，然后再以违约为由向联合体进行索赔，故向法院提起诉讼，并由法院向联合体签发了支付令。根据该国诉讼法的规定，对于此类诉讼，法院可根据原告的申请适用简易程序，即只对原告提供的理由和证据材料做简单审阅，法院认为原告要求合理的，可不进行开庭审理直接向被告发出支付令。如被告在规定时间内不就支付令提起反对，则支付令生效，视为被告败诉；如被告在规定时间内对支付令提出反对，则支付令失效，案件进入一般审理程序。因此，联合体如不及时反对支付令，则业主将能够很快通过司法程序确认联合体违约并收取违约金，使联合体丧失所有谈判的基础。对此，联合体立即做出有效应对，对支付令提出反对，使案件回到了一般审理程序，保障了后期与业主继续谈判的可能。

第二，由联合体董事会制定了"以诉讼促和解""边诉讼边谈判"的策略，在积极应诉的同时，搜集证据材料，向业主提起反诉。

第三，积极通过外交等各种渠道与业主进行沟通，释放善意，传达通过和谈解决纠纷的意向，争取促成和解。同时，保持与相关机构的密切联系，及时报告和解方案及相应推进措施以及进展情况，实事求是地汇报纠纷中双方的责任，征得相关机构和领导的关注和理解。2013 年 11 月 29 日，中国政府高层在出席中国—中东欧国家领导人会晤期间对该国总理表示，希望以和解方式解决纠纷。这为和解谈判奠定了坚实的基础。之后，在联合体与业主进行和谈准备的过程中，双方大使馆也一直协助企业与业主之间的书信转达、信息传递，保证了沟通渠道畅通，为项目成功和解提供了重要的帮助。

（二）紧随形势变化，及时调整策略

业主为确保收取联合体履约保函，在该国法院起诉了中国两家担保银行，使形势发生了对联合体根本性的不利变化，联合体结合对国内保函止付诉讼结果和该国对中国两家担保银行诉讼结果的预测分析及法律风险评估，及时地调整了策略，为维护担保银行的商业信誉，同时也为下一步提出"一揽子"和解方案摆出姿态，争取有利条件，及时果断地做出了撤销国内保函止付案诉讼的决定，并通过该国驻华使馆向业主致函，表示将以极大的诚意主动支付保函，迅速扭转了和解谈判中的被动局面。这一行动得到了业主方的赞赏，之后业主方遂以双方正在和谈为理由，向该国法院申请暂停审理对联合体的诉讼。

（三）把握关键时机，达成有利和解

在整个诉讼过程中，联合体一直密切关注业主在公共设施建设项目方面与其他方面的法律纠纷，从中了解和掌握业主应承担的法律责任，对联合体终止合同后项目继续实施的情况进行跟踪了解。联合体根据所掌握的相关信息资料，通过认真研究法律及对形势发展的评估，按照拟定的"一揽子"和解方案的计划步骤，在主动支付保函和利息的基础上，及时明确提出双方应注重终止合同双方均有责任的现实并应由业主方分担损失的主张，同时明确指出二次招标程序不合法的事实，拒绝承担相应赔偿，进一步强调和解谈判不应采用对抗思维，而是双方共同让步，相向而行。在各方面的共同努力下，最终双方消除了长期的对抗意识，以友好互利共赢的态度进行谈判，并达成了和解。

五　案例启示总结

近年来，中国企业在国际市场的经营实践中越来越多地体会到了企业合规管理的重要性，合规经营是企业在国际市场竞争中健康发展的根本保证。中国"走出去"的企业应通过对国际法、国内法、国际惯例及行业规定等知识不断地进行学习，加深理解，增强合规意识，促使企业由被动到主动地开展合规管理。对 M 项目的认真总结，清楚地反映出风险防控不当、合规管理不力给项目造成的严重后果，其经验教训值得我们汲取。

（一）　加强市场研究，重视标前 ESG 合规尽职调查

一是要注重加强对目标市场的研究，对新市场的开发要严格按照公司的规章制度。对新进国家和市场，要进行深入的市场调研和环境分析，充分熟悉所在国政治、经济、法律、文化、风土民情、宗教信仰、市场发展等情况。二是要严格执行公司海外项目投标监管办法，不断完善海外经营阶段评审和决策程序，健全和完善海外经营决策机制。要慎重选择投标项目，充分发挥职能部门作用，特别是对于重大海外投标项目，要严格按照公司相关规定，报公司进行评审，充分发挥项目投标前、签约前评审的把关作用，合同条件过于苛刻或项目指标达不到要求的，不允许投标。对于决定参与投标的项目识别风险来源，制定应对措施，有效防控风险。三是要认真筛选工程信息，精心研读招标文件，弄懂吃透施工规范，做到"不懂不做"；认真分析技术实力和资源拥有情况，实事求是地判断项目实施能力，量力而行，做到"不能不做"。尤其是要坚决杜绝明知不熟悉目标市场或自身人力资源、技术实力等重要方面不足而盲目投标的情况。四是要与设计单位共同治商，制订国内技术标准与项目所采用的技术标准的差异手册，这是规避技术标准差异风险的

有效方式。高度重视业主的标前答疑，吃透业主招标文件的要求。另外，在标前对当地建筑市场资源进行充分调查摸底的阶段，还可以与专业分包商、机械租赁商和物资材料供应商深度接洽，在投标阶段达成有关协议或意向，形成利益共同体，共同参与，共担风险。对于在当地市场上因资源稀缺可能会坐地起价的分包商，应考虑备选方案，做好相关尽职调查。

（二）加强前期策划，全面识别 ESG 合规风险

在项目投标运作前期，项目执行团队应提前介入，配合做好前期调查、施组编制、项目责任成本测算等关键工作。项目中标后，要认真做好项目策划，深入研究合同标书和技术作业标准，严格根据中标合同的施工进度计划，研究制定项目策划书及实施性施组。要充分发挥总部职能部门的作用，对项目策划书和施组进行综合评审，全面识别各种风险源，制定有效的应对措施加以防范。项目部要根据评审通过后的项目策划书和施组，及时做好施工前期各项准备工作，合理配置资源，做好施工调查，配合选好各类分包商。

（三）理顺 ESG 合规管理关系，重视项目治理

在海外市场联合投标特别是组成联合体共同投标大项目时，要签订责权利明确的联合体协议，明确各自的主体责任，联合体协议须通过规定的评审和审批程序。要充分发挥联合体各方优势，建立可行的沟通、决策机制，充分尊重项目各分工主责方意见，夯实合作基础。认真对待和解决项目生命周期各阶段出现的问题。要进一步明确联合体对项目经理的授权，树立董事会决策权威，完善董事会决策执行跟踪评价制度，加强对项目经理行使权力的监管，确保项目经理在授权范围内有效开展工作。

（四） 加强 ESG 相关合同管控，重视索赔工作

在国际工程承包实践中，能否有效地开展索赔工作已经成为影响承包商效益的重大问题。索赔是法律赋予承包商的一项正常经营活动的权利。虽然不是承包商与业主的对立性活动，但是由于涉及利益博弈，索赔是一项重难点工作。企业索赔工作稍有疏漏，不符合合同或法律要求，就将功败垂成。因此企业应该重点关注索赔工作的合规管理，制定、实施合理的规章制度，并强调索赔工作的合法、守约。作为有经验的承包商，往往在研究标书阶段就开始关注和寻找可能会利用的索赔因素，甚至把索赔作为重要的盈利手段。要想取得好的索赔效果，需要严谨的策划和周密的安排，依据合同的相关规定，把控时效，提高相关索赔技术文件资料的制作水平，严谨论证索赔因素与索赔标的之间的关系，保证索赔资料有合同依据、准确运用技术标准规范、逻辑关系清楚、变更条件合情合理，并在有效的时间内按程序提交。要想达到这种要求，必须注意在投标过程中和签约后履行过程中，随时进行评估和记录。要树立敢于维权、善于维权的意识，提高技术水平和能力，切忌当发生合同纠纷时，匆忙整理资料，导致因不能收集有效证据而打无准备和被动之仗。

（五） 关注保函开立，合规保护保函

第一，优选保函的开具地和开具方式，防范保函欺诈和恶意兑付风险。根据国际工程惯例，承包商向业主提交的保函应是不可撤销的、无条件见索即付的。根据《国际商会见索即付保函统一规则》和《联合国独立保函和备用信用证公约》的规定，保函欺诈是保函见索即付的有效抗辩理由，但对欺诈采取严格认定，原告需要举证证明其在基础合同项下根本不存在违约以及受益人索款构成欺诈，其诉讼请求才能成立。由于上述规定未对保函欺诈做出明确定义，

保函欺诈的认定依赖于保函开具地法律的规定和司法机构的认定。世界各国存在对保函欺诈认定的诸多乱象，相对易于认定欺诈的保函开具地，开具的保函常常不被业主接受；不易于认定欺诈的国家，则难以在遭遇欺诈时保护保函。

2020 年 12 月 29 日，中国最高人民法院公布了修正后的《最高人民法院关于审理独立保函纠纷案件若干问题的规定》，该规定在强调独立保函的独立性、跟单性和不可撤销性的基础上，明确了独立保函欺诈标准，采取了列举式的严格认定，填补了国内保函欺诈认定依据的空白，也更加有利于企业合法合规履行保函义务和保护保函权利。

第二，快速跟进，争取主动权。随着司法解释的出台，法院严格对照司法解释认定欺诈行为，尊重见索即付约定，银行也倾向于向业主兑付保函，以保证国际声誉。因此公司在申请保函止付程序后，在短暂的冻结期内应尽快跟进。M 项目正是因为保函止付拖延时间太久，等到业主对开证行采取相应诉讼行动时，保函止付反而造成了对中方企业不利的后果，甚至加剧已发生的风险。

（六）强化风险控制，重视 ESG 合规危机处理

相对于国内项目，国际项目的不确定因素更多、更复杂，企业要切实提高风险防范意识，严格落实企业内控制度，按照国务院国资委《中央企业全面风险管理指引》的要求，建立健全海外项目风险管理评估和监控机制以及海外项目风险预警和控制体系，切实提升海外项目的风险辨识和风险防范能力。要增强合同意识和法律意识，充分发挥各职能部门的作用，合理借助内外部专家互补的优势资源，强化项目全过程的合同管理，及时发现项目实施中的风险。及时采取合理的风险防范措施，不断提高海外项目风险管控能力。对于已经产生的风险，应该严格监控舆情风险，制定风险应急预案，并纳入公司项目风险管理制度之中。在进行危机研判时，要重视实

地调研，强化合规理念，坚持按合同办事、按法律办事，用事实、证据说话，敢于纠正偏差和错误。项目遇到突发重大危机时，在执行危机应急预案的基础上，要从政治、经济、企业声誉各层面进行分析研判，协调项目团队积极与驻外使领馆和经参处、上级公司和国家有关部委联系报告并取得相关指导。重视舆论引导工作，做到应对及时、理性、有据，努力维护企业形象和利益。

（七）健全监管机制，加强 ESG 合规过程监控

海外项目一般远离公司总部，信息沟通和及时监管较为困难。信息沟通不畅、信息不对称和监管不力，很容易造成决策失误，导致项目在不同程度上管理失控。因此，要建立健全项目沟通协调和监督管理机制，通过有效的信息管理系统，畅通国内总部与海外项目之间的信息沟通渠道；利用互联网等现代化信息化手段，加大重大海外项目监管力度，尤其要对项目进度、成本、现金流情况等进行实时有效监控。要切实发挥好公司总部职能部门的作用，按计划加强对海外项目的检查督导，及时发现和解决项目实施中的问题。

（八）约定争议条款，法律合规部加强管理

第一，约定争议条款，确保争议解决渠道畅通。由双方认可的纠纷解决条款，在前期约定的和解前置程序、调解/争端裁决委员会（DAB）、仲裁或是诉讼，在出现纠纷时均能作为依据，对解决纠纷起到促进作用，避免双方在出现纠纷时又在争议解决方式问题上产生争议，也便于公司对纠纷解决资源的配置与组织。在制定争议条款时，要综合考虑合同标的、合同类型、合同主体，驻在国法律规定，争议解决机构、专业性、程序规则、可执行性人员、地点、语言、费用、效率，准据法适用性、准据法律师、准据法公司法律顾问等各方面因素。如果无法选择中方倾向的争议解决方案，应当就不熟悉的争议解决因素咨询律师并进行专题研究。

第二，加强对外部律师的管理。公司法律合规部要加强对外部律师的管理，既包括纠纷发生后对律师的聘用、工作与考核，也包括纠纷发生前对纠纷的咨询、预判和律师库的建设。确保约定的纠纷有潜在对应律师，语言、准据法和专业对口，工作质量和费用可控。

海外矿产资源项目 ESG 合规管理及案例分析

王　勇　谢晓影　林运财[*]

一　背景

（一）ESG 是海外价值投资核心理念

今天为人所知的 ESG 投资理念，最早起源于伦理投资（Ethical Investment），即出于对教义信仰的奉守，人们拒绝在违背教义信仰的行业进行投资，例如不得从武器、烟草、奴隶贸易中获利等。20 世纪 60 年代，西方国家人权运动、公众环保运动和反种族隔离运动兴起，在资产管理中催生了相应的投资理念，包括在投资选择中强调劳工权益、种族及性别平等、商业道德、环境保护等问题。美国的帕克斯世界基金（Pax World Funds，1971 年发行）被视为全球首只责任投资基金，拒绝投资利用越南战争获利的公司，并强调劳工权益问题；1988 年，英国发行梅林生态基金（Merlin Ecology Fund），只投资注重环境保护的公司。1989 年阿拉斯加港湾的瓦尔迪兹号油轮大规模石油泄漏事件发生后，环境责任经济联盟（CERES）成立，其也是全球报告倡

* 王勇，上海绿然环境信息技术有限公司董事长，曾任 ERM 全球资深合伙人、中国区总裁；谢晓影，上海绿然环境信息技术有限公司高级顾问，浙江启真绿然科技有限公司业务总监；林运财，绿然环境国际管理合伙人，曾任通用电气（GE）、英国石油（BP）和香港联交所上市公司德昌电机亚太、欧洲和全球 ESG、环境及安全主管、总经理。

议组织的发起方。[①]

20 世纪 90 年代，社会责任投资开始由道德伦理层面转向投资策略层面。1992 年，联合国环境规划署金融行动机构在里约热内卢的地球峰会上倡议将环境、社会和治理因素纳入决策过程，发挥金融投资的力量促进可持续发展。1997 年，全球报告倡议组织（GRI）成立，GRI 发布的准则也成为目前使用最广泛的可持续发展报告编制标准之一。2006 年，负责任投资原则（UNPRI）组织在联合国支持下成立，为广大投资机构建立了 ESG 投资的六大基本原则与框架。[②] 2015 年，联合国提出了 ESG 作为实现 2030 年可持续发展目标（SDGs）的支持框架。自此，ESG 投资理念开始在全球资产管理中快速发展。

目前 ESG 投资在海外的发展相对成熟，截至 2020 年底，全球 UNPRI 签约机构达 3462 家，全球五大地区的可持续投资规模达 35.3 万亿美元。相比而言，美国、加拿大、日本等国的 ESG 投资规模均呈现较快增长的趋势，同期规模增速超过 100%，2020 年美国首次超越欧洲，居全球可持续投资规模首位。相较于海外 ESG 投资浪潮的快速兴起，中国 ESG 投资概念仍处于发展初期。截至 2021 年 9 月末，中国仅有 146 家机构成为 UNPRI 签署成员，同期美国 UNPRI 成员超过 2000 家，中国占全球的比重不足 5%。[③]

当今世界，地缘政治、单边制裁和逆全球化暗流汹涌，气候变化影响日益显著。在这样的国际环境背景下，代表可持续发展的 ESG 理念在投资界凝聚成价值投资共识，更成为矿产资源类项目的

① 薛俊、蒋晨龙：《ESG 投资的起源、现状及监管》，东方证券，2022 年 3 月 8 日，https://pdf. dfcfw. com/pdf/H3_AP202203081551402211_1. pdf? 1646774760000. pdf。

② "What Is the PRI?"，https://www. unpri. org/about-us/about-the-pri.

③ 《中国与全球 ESG 投资发展比较》，惠誉博华，2021 年 10 月 13 日，https://fitchbohua. cn/% E6% 8A% A5% E5% 91% 8A% E6% 96% 87% E7% AB% A0/% E4% B8% AD% E5% 9B% BD% E4% B8% 8E% E5% 85% A8% E7% 90% 83esg% E6% 8A% 95% E8% B5% 84% E5% 8F% 91% E5% B1% 95% E6% AF% 94% E8% BE% 83。

核心价值。

（二） 海外矿产资源项目面临的挑战

我国是矿产资源丰富、矿种齐全的资源大国，但人均资源量少，而且我国的大型和超大型矿床占比很小，贫矿、难选矿和共伴生矿多，尤其是铁、铜、铝土、铅、锌、金等多为贫矿，难选冶比重大，开采成本普遍比较高，实际可供利用的资源比例较低。[①] 这就导致了我国依赖矿石进口，资源短板突出。

以铁矿为例，我国是全球最大的铁矿石进口国，2021 年的铁矿石进口量高达 11.243 亿吨，全球占比 70.1%。[②] 尽管较上年下降 3.9 个百分点，但进口额却增长了近 40%。[③] 我国迫切需要从根本上解决钢铁产业链资源短板问题。2022 年 7 月 19 日，中国矿产资源集团有限公司成立，有望从进口铁矿石采购、国内铁素资源开发、海外权益矿开发等多方面发力，增强中国铁矿石保供能力，补足钢铁产业链资源短板。

中国 "一带一路" 倡议在推动全球共同发展的同时，极大地促进了中国的对外贸易与海外投资。据统计，截至 2021 年底，中国在 24 个沿线国家建设了 79 家境外经贸合作区，累计投资 430 亿美元，为当地创造 34.6 万个就业岗位。[④] 特别是中国的海外矿产投资项目，无论是从中资企业拥有的权益资源价值角度看，还是从单个项目平均资源价值角度看，非洲和南美洲的占比都排在前两位。中国在非洲的矿产投资占境外总权益资源价值的 45%，单个项目的平均资源

---

① 《综合利用 唤醒 "沉睡" 的矿产》，《中国国土资源报》2013 年 4 月 17 日。

② "Distribution of Global Iron Ore Imports Based on Value in 2021, by Major Country," https://www.statista.com/statistics/270008/top-importing-countries-of-iron-ore/.

③ 中国钢铁工业协会：《中国钢铁行业经济运行报告（2021 年）》，http://lwzb.stats.gov.cn/pub/lwzb/tzgg/202205/W020220511403031962228.pdf.

④ 《共建 "一带一路" 倡议九年来推动全球共同发展成效显著》，中华人民共和国国务院新闻办公室网站，2022 年 9 月 14 日，http://www.scio.gov.cn/m/31773/35507/35510/Document/1730415/1730415.htm.

价值达到 106 亿美元；其次是南美洲，矿产投资占境外总权益资源价值的 18%，单个项目平均资源价值为 102 亿美元。[①] 这两个地区的单个项目平均资源价值是其他四个大洲的 4 倍。

值得注意的是，中国海外矿产资源投资集中度高的非洲和南美洲相对经济薄弱，基础设施落后，但由于大多数国家曾受到欧洲殖民统治，在环境、安全、劳工等方面继承了欧洲法律法规，标准与意识远高于国人的想象。此外，由于部分国家治理结构尚未完善，政权更替频繁，社会风险更是不可忽视。

中国企业海外矿产项目 ESG 合规管理亟待加强，主要包括意识、能力和经验三个维度。

1. 意识

部分企业在海外投资时只重视短期效益和经济风险，忽略长期效益和环境、社会风险，容易出现环保意识缺失、安全意识淡薄等问题。

2. 能力

由于海外项目管理团队投资与运作能力不足，又不愿聘请专业第三方公司，只重视与当地政府搞好关系，忽视与东道国公众、非政府组织的关系管理与沟通，在利益相关者的管理上普遍存在"水土不服"问题。

3. 经验

与国际竞争者相比，中国投资者在 ESG 合规管理方面的经验有限，往往在合作中处于劣势，如不熟悉海外商业环境和游戏规则，对被投资国的国情及文化了解不足，对需要做出的调整认识不足等。尤其是对外投资刚起步的企业，往往会陷入一个认识误区，简单地将中国的经营思路套用到海外，殊不知大部分被投资国的国情和社会运行模式都和中国不太一样。

---

① 王秋舒等：《中国矿业国际合作发展历程和现状分析》，《地质与勘探》2022 年第 1 期。

提高海外矿产资源项目 ESG 合规管理能力，已成为中国企业控制投资风险、促进可持续发展的核心。

二 海外矿产资源项目 ESG 风险评估

矿产项目投资风险高，管理难度大。即使管理水平相对领先的国际矿业巨头，也会因 ESG 合规问题酿成环境、社会事故。

2019 年 1 月 25 日，矿业巨头淡水河谷（Vale）位于巴西布鲁马迪纽市的一座尾矿坝发生溃坝事故，近 1200 万立方吨相当于 5 万个标准奥运泳池容量的采矿废料（铁、锰、铝、铜和其他有毒污泥）倾泻而下。最终，溃坝事故造成 270 多人死亡以及严重的环境污染。根据后续专家的调查，此次溃坝事故是由连续降雨加排水不及时，尾矿堆积物内部强度降低引起的。2022 年 4 月 28 日，SEC（美国证券交易委员会）针对该事故向 Vale 提起了一项证券欺诈诉讼，指控 Vale 可持续发展报告、ESG 相关文件及定期报告中，有关安全的披露存在"重大虚假和误导"（materially false and misleading），正式宣告 SEC 开启对 ESG 披露真实性的专项审查。[①]

因此，海外矿产资源项目启动前需要对东道国的文化习俗、生态环境、劳工人权等 ESG 相关要素进行系统、专业的尽调和风险评估，结合国际通行的环境、劳工、安全、文化遗产、安保、治理等规则与实践，制定符合国际规范的 ESG 合规策略。

（一）ESG 尽职调查

2017 年国务院国资委发布的第 35 号令《中央企业境外投资监督管理办法》提出：对于境外特别重大投资项目，中央企业应建立

---

① "SEC Sue Vale, Coal Prices Surge and Mining's Green Future," April 29, 2022, https://magazine. cim. org/en/news/2022/weekly-mining-news-recap-april‑29‑22/.

投资决策前风险评估制度，委托独立第三方有资质咨询机构对投资所在国（地区）的政治、经济、社会、文化、市场、法律、政策等风险做全面评估。

ESG 已成为海外矿产资源项目尽职调查的核心内容，需遵循如下几个关键步骤。

1. 资料收集

投资者需要根据投资目的和项目风险类型，聘请专业公司开展前期的尽职调查工作，重点评估 ESG 风险。

2. 利益相关者访谈

收集完所有信息后，需要对关键利益相关者进行访谈，包括了解目标项目和其他利益相关者，通常包括公司员工、高管或董事会成员、政府、主要国际组织及当地非政府组织。这些利益相关者应在公司治理或者其所涉及的专业领域，包括环境、社会和社区实践等领域提供有价值的意见。

3. 现场核查

收集信息后，需要对相关现场进行核查，包括对正在运行中的矿山、加工场地和交通运输系统等的踏勘。现场核查需要关注潜在的环境、文化遗产、劳工问题、生物多样性，以及项目对周围环境、社区的实质性影响。

4. ESG 风险评估

进行尽职调查的目的是为决策及建设、运营、退役全生命周期的合规管理提供 ESG 风险评价，为 ESG 战略的制定与框架的设计提供依据。

（二）评估标准

海外矿产资源项目的 ESG 合规评估应综合考虑以下合规要求：当地及中国的法律法规、行业要求、国际通用规则要求。主要内容见表 1。

表 1　海外矿产资源项目 ESG 合规评估的考察要素

环境 E	社会 S	治理 G
· 环境政策	· 社会政策	· 对可持续发展的高层承诺
· 环境管理系统	· 社会管理系统	· 道德
· 绿色采购	· 雇员	· 治理和问责
· 能源效率/替代能源	– 培训	· 企业可持续发展报告
· 气候变化/温室气体排放	– 工资和福利	· 利益相关者参与
· 大气排放（非温室气体）	– 工作条件	· 战略规划
· 废水排放	– 职业健康安全	· 财务报告和披露
· 用水/效率	– 非歧视	· 投资者关系
· 一般固废管理	– 童工	· 投资
· 危险废物管理	– 强迫劳动	· 风险管理
· 材料使用：非物质化/效率和危险/有毒物质	– 结社自由	· 经济影响
· 生物多样性	· 当地社区	· 投资和收购
· 产品和服务的环境影响	– 发展	
· 环境价值链管理	– 健康和安全	
	– 原住民	
	· 产品和服务的社会影响	
	· 社会价值链管理	
	· 全球社区	
	– 人权	

1. 当地及中国的法律法规要求

除项目所在地的环境、健康、安全和人权相关的法律法规要求外，海外矿产资源项目还应遵守我国对外投资的管理要求。2018年，国家标准《合规管理体系指南》（GB/T 35770—2017）正式实施，同年国务院国资委也发布《中央企业合规管理指引（试行）》。

2018 年 12 月 29 日，国家发改委等七部门发布《企业境外经营合规管理指引》，涉及对外贸易、境外投资、对外承包工程三个方面的业务，包括海外合规管理的要求、架构、制度、机制，风险的识别、评估与处置，合规评审与改进，合规文化建设等内容。要求企业合规管理覆盖所有境外业务领域、部门和员工，贯穿决策、执行、监督、反馈等各个环节，体现在决策机制、内部控制、业务流程等各个方面。ESG 领域具体列出劳工权利保护、环境保护、连带风险管理、捐赠与赞助、反腐败、反贿赂等方面。

2. 行业要求

全球范围内，各个国家和矿业机构都在积极制定相关的行业 ESG 体系和披露要求，可持续采矿标准也在不断提高，举例如下。

（1）负责任矿产倡议（RMI）成员包括来自 10 个行业的 380 家公司和协会。2021 年 6 月，RMI 发布其环境、社会和治理标准，以进一步改善工人的工作生活条件，解决环境和社区影响问题，并管理所有矿产供应链中的治理风险。[①]此外，它们建立了许多合作伙伴关系，包括与全球报告倡议组织合作开发报告工具包，制定铜、铅、镍和锌的联合尽职调查标准等。

（2）在监管和政府方面，美国证券交易委员会正在推动规范气候变化和 ESG 相关披露要求，亚洲各证券交易所（如香港联交所）陆续要求 ESG 的强制披露。

（3）世界经济论坛和国际商业理事会与四大会计师事务所（毕马威、安永、普华永道和德勤）合作发布了一份关于利益相关者资本主义指标的报告，概述了它们认为公司应该报告的核心（和可选）ESG 指标。[②]

（4）价值报告倡议（VRI）是可持续发展会计准则委员会（SASB）和国际综合报告委员会（IIRC）的一项新合作，旨在制定一套综合指南，将 IIRC 资本模型报告框架与 SASB 在特定行业重大风险方面的工作相结合。

3. 国际通行规则

对于海外投资，熟悉国际通行规则是必不可少的功课，主要可

---

① "Responsible Minerals Initiative Releases ESG Standard for Mineral Supply Chains," https://www.responsiblemineralsinitiative.org/news/responsible-minerals-initiative-releases-esg-standard-for-mineral-supply-chains/.

② "Measuring Stakeholder Capitalism: Towards Common Metrics and Consistent Reporting of Sustainable Value Creation," https://www.weforum.org/reports/measuring-stakeholder-capitalism-towards-common-metrics-and-consistent-reporting-of-sustainable-value-creation.

参照国际金融公司（IFC）的《可持续性框架》。《可持续性框架》由《国际金融公司环境和社会可持续性绩效标准》和《国际金融公司信息使用政策》构成。《国际金融公司环境和社会可持续性绩效标准》阐述 IFC 有关环境和社会可持续性的承诺、作用和责任。《国际金融公司信息使用政策》反映了公司致力于运营透明度和良治的承诺，并概述了公司有关其投资和顾问服务的机构性披露义务。绩效标准为投资者如何识别风险和影响提供指导，旨在帮助投资者以可持续的营商方式避免、缓解、管理风险和影响。

绩效标准共包括八项，分别为：

（1）环境和社会风险与影响的评估和管理；

（2）劳工和工作条件；

（3）资源效率和污染防治；

（4）社区健康、安全和治安；

（5）土地征用和非自愿迁移；

（6）生物多样性保护和生物自然资源的可持续管理；

（7）土著居民；

（8）文化遗产。

值得注意的是，IFC 绩效标准尽管具有广泛的使用群体和一定的权威性，但由于风俗文化、宗教信仰、生态人文环境等的差异，进入东道国社会通常会遇到一些软规则盲区，需要因地制宜。而要达到这个目的，有赖于对 ESG 合规管理中合规义务的良好辨识。因此，建立专业的公共关系团队及利益相关方沟通机制至关重要。需要注意以下几个方面的问题。

第一，沟通要尽早。与当地政府、NGO、居民等建立良好的联系需要时间的积累，企业应当尽可能在早期，如在可行性研究阶段就与当地社区进行沟通互动，站在当地利益相关方的视角审视项目可能存在的社会风险和问题，理解并接纳不同文化、习俗的差异。

第二，要有足够的冲突敏感性。既要关注东道国政府的利益需求，也要重视当地社区、员工、供应商、居民以及国际和当地媒体等利益相关方的需求，以实施兼顾各方利益的 ESG 合规策略。

第三，要覆盖整个生命周期。运营全生命周期各个阶段，企业都应该重视围绕当地社区的核心诉求，进行正面的、主动的、有针对性的回应和反馈，增进与当地公众的理解和互信。

三 海外矿产资源项目 ESG 风险管理

根据 ESG 尽职调查，识别海外矿产资源项目 ESG 的风险，需在建设、运营及闭矿过程中实施全生命周期的 ESG 合规管理。本部分以著名的西芒杜铁矿项目为例，介绍 ESG 合规风险管理的主要流程和关注点。

（一） 西芒杜铁矿

西芒杜矿山（见图 1）位于非洲西部的几内亚康康大区凯鲁阿内省，是全球巨型矿山之一，被誉为几内亚矿藏资源"王冠上的明

图 1　西芒杜矿山远景

珠"。西芒杜铁矿是国际矿业界公认的目前世界上尚未开发的储量最大、品质最高的露天赤铁矿，整体矿石品位超过65%，具有储量大、品质高、矿体集中、埋藏浅、易开采的特点，具备极高的商业开采价值，吸引来众多国际矿业巨头。

1997年，力拓公司（Rio Tinto）的子公司辛费尔公司（Simfer S. A.）获得西芒杜矿山的探矿许可权，并与几内亚政府就采矿公约进行谈判，于2002年11月26日正式签署。但是直到2008年，西芒杜铁矿地区依然几乎维持原样。2008年力拓公司在西芒杜北部区块（1、2区块）的开采权被几内亚政府以"未尽其所能开采"为由收回。其后，BSG资源公司（BSG Resources，BSGR）花了1.6亿美元进行勘探，并取得了经营权，并于2010年以25亿美元价格把51%的股权出售给了淡水河谷公司。但是2014年4月，几内亚政府宣布，西芒杜北部区块的开采权是BSGR贿赂而得，计划取消此前授予淡水河谷和BSGR的开采权。力拓公司则于2014年4月30日向美国纽约南区的一个地方法院提起诉讼，起诉淡水河谷涉嫌违反《海外反商业贿赂法》。最终该矿权又回到了力拓公司的手中。2016年11月，力拓公司以13亿美元将46.6%的股权出售给了中铝公司。但由于物流和基础设施建设等问题，西芒杜铁矿项目搁置多年无人动土。2019年7月，几内亚政府对北段1、2号区块启动了国际公开招标。2019年11月，由山东魏桥创业集团旗下的中国宏桥集团、新加坡韦立国际集团（Winning International Group）、烟台港集团和几内亚联合矿业供应集团（United Mining Supply Group）四家企业组建的"赢联盟"（SMB-Winning Consortium）以140亿美元的投资承诺拿下了西芒杜铁矿北段2个区块的采矿权，再一次让西芒杜矿山的开发进入大众视野。①

---

① 《非洲巨型铁矿西芒杜项目再推进　基建合作协议达成》，财新网，2022年12月25日，https://www.caixin.com/2022-12-25/101981715.html。

（二）西芒杜铁矿开发面临的 ESG 挑战

西芒杜矿山的开发除了需要克服基础设施（包括港口、铁路）建设投资巨大，东道国几内亚政局动荡、政府强制拥有 15% 干股对企业盈利能力构成的挑战外，来自生物多样性、社会环境和劳工管理等的风险也使西芒杜铁矿开发面临新的挑战。

1. 治理风险

历史上，几内亚曾遭受葡萄牙和法国侵略，长期沦为法国殖民地。1958 年 10 月 2 日几内亚宣布独立，成立几内亚共和国。独立至今，几内亚先后发生了三次兵变。1984 年 4 月，兰萨纳·孔戴上校发动兵变，成立几内亚第二共和国。2008 年 12 月，部分军人发动政变并于 2009 年 1 月组建过渡政府。2021 年 9 月 5 日，几内亚再次发生军事政变。政变军人宣称扣押总统孔戴并解散政府，同时成立"全国团结和发展委员会"。同年 10 月，政变军人领导人马马迪·敦布亚在科纳克里宣誓就任几内亚过渡总统，掌权至今。

政变对在几投资的打击可能是毁灭性的。一方面，政变带来的社会动荡可能直接威胁在几投资和工作人员的生命财产安全，显著地提高海外投资者的合规成本；另一方面，政变带来的次生风险，包括权力部门频繁更替会使海外投资者在几内亚的 ESG 合规遭遇前所未有的挑战。

2. 生物多样性风险

几内亚为数百种特有的哺乳动物、鸟类、两栖动物和爬行动物以及上千种独特的植物提供了栖息地。几内亚中西部的高地也被称为"西非水塔"。新建配套的港口和 600 公里的铁路，西芒杜山顶的露天矿采掘约 22.5 亿吨铁矿石，将不可避免地影响生态系统和自然栖息地。西芒杜铁矿生物多样性保护难度大、成本高、敏感度大，其开发建设成为全世界各个 NGO、生态环境保护组织和媒体人的关注焦点。

3. 社会环境和劳工风险

几内亚有长期军政府统治的历史，尽管 2011 年几内亚新政权成立后，政局总体稳定，社会治安得到很大改善，但局部社会治安形势仍有所恶化，暴乱、抗议示威、罢工、抢劫、偷盗等现象时有发生。矿山开发导致的环境破坏、劳资纠纷、工会冲突等问题不时成为罢工甚至暴乱的导火索。2012 年，由于长期的劳资纠纷和旷日持久的罢工，俄铝被迫关闭了氧化铝厂，导致 2000 名当地工人失业。氧化铝厂关闭 4 年来，FRIGUA 这座因氧化铝厂而诞生的城镇日渐衰败。[①] 2017 年 4 月和 9 月，几内亚铝土矿资源丰富的博凯大区发生了两次大规模的骚乱，出现罢工、封路、打砸抢等事件，几家中资企业的建材被哄抢，2 辆越野车被烧。2018 年 4 月，几内亚博凯大区再次爆发大规模罢工，持续 10 天，造成山东魏桥、河南国际、北方奥信等中资企业在该地区的开矿项目全面停工。2019 年，几内亚博凯矿区多次发生小规模罢工事件，对中资企业生产造成一定不利影响。

劳工罢工和动荡将继续限制矿业发展，并提升矿山的运营成本。在项目层面上，还存在劳工对裁员、工资和工作条件不满等不稳定因素。若沟通不畅或局部问题处理不当，还有可能引发社区抗议或面临矿区工地被入侵的风险。

4. 其他环境安全风险

几内亚的交通基础设施有限，交通安全风险高。国家统计数据显示，几内亚全国公路网总长约 44000 公里，其中 54% 的公路路况不佳。道路质量较差，雨季通行困难问题尤为严重。当地居民最常见的交通方式是步行和骑摩托车。几内亚司机缺乏培训，经常无视交通规则。道路和车辆状况不佳，道路标志不足，缺乏照明。主要

---

① 《俄铝开始对 FRIGUA 氧化铝厂进行审计清点考察》，中国日报网，2016 年 7 月 23 日，http://www.chinadaily.com.cn/hqzx/2016 - 07/23/content_26196139.htm。

城市以外的公路救援不存在或非常有限。警察和军事路障的存在限制道路的流通性，部分道路在雨季因积水而无法通行。根据世界经济论坛（WEF）发布的《全球竞争力报告》（2018 年），几内亚交通基础设施在 140 个经济体中排名第 128 位。[①]

与落后的交通基础设施伴生的，还有旱季运输过程中产生的严重扬尘造成环境污染和社区居民健康损害的次生风险。而雨季由于水土流失造成的土壤侵蚀、饮用水源污染，无论从技术层面还是管理层面，都对矿业开发和基础设施建设提出了挑战。

（三）ESG 合规风险管理

根据西芒杜铁矿项目的 ESG 合规风险，相关企业加强了 ESG 体系建设，建立保全机制和披露系统。

1. 体系建设

海外矿产资源项目 ESG 管理的关键一步是开展符合 IFC 相关要求的环境社会影响评估（ESIA）并制订相应的环境社会管理计划（ESMP）。需特别强调的是，ESIA 不仅仅是一份环境影响评估报告，而是根据"赤道原则"（Equator Principles）进行基线调查、风险筛选、环境社会影响分析与减缓措施的公众征询过程。

此外，根据关键风险评估（materiality assessment）和联合国可持续发展目标，有效衔接 ESIA 及 ESMP，建立有针对性的 ESG 框架和目标。在具体的体系建设过程中，参考了全球著名的矿业集团如力拓、必和必拓、英美资源、淡水河谷等企业的 ESG 管理体系。例如，力拓为加强对公司和矿产项目的 ESG 管理，设立了公司的可持续发展框架。该框架描述了力拓如何管理对其和利益相关方重要的问题，以及如何为联合国可持续发展目标做出贡献。可持续发展框

---

① K. Schwab, "The Global Competitiveness Report 2018," https://cn. weforum. org/reports/the-global-competitveness-report-2018.

架反映了力拓对两个主要目标的关注，即可持续发展目标 12（负责任的消费和生产）和可持续发展目标 8（体面的工作和经济增长）。此外，业务运营对其他八项支持性可持续发展目标（3、4、5、6、9、10、13、15）做出了回应（见图 2）。

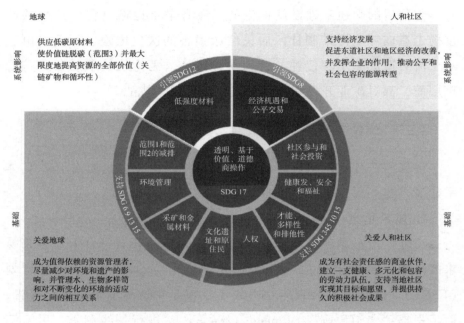

图 2　力拓的可持续发展框架

资料来源：参见力拓公司官网，http://www.riotinto.cn/class/63。

基于此，力拓的 ESG 目标包括：

第一，供应低碳原材料，使价值链脱碳（范围 3）并最大限度地提高资源的全部价值（关键矿物和循环性）。

第二，关爱地球，成为值得信赖的资源管理者，尽量减少对环境和遗产的影响，并管理水、生物多样性和对不断变化的环境的适应力之间的相互关系。

第三，关爱人和社区，成为有社会责任感的商业伙伴，建立一支健康、多元化和包容的劳动力队伍，支持当地社区实现其目标和愿望，并提供持久的积极社会成果。

第四，支持经济发展，促进东道社区和地区经济的改善，并发挥企业的作用，推动公平和社会包容的能源转型。

类似地，必和必拓、淡水河谷等其他国际矿业巨头均确立了 ESG 目标，并建立了适于自身可持续发展的 ESG 管理体系。

2. 保全机制

通过建立内部审计、独立第三方审计和 ESG 委员会，设立多层级的 ESG 保全机制，确保 ESG 合规管理得到严格执行。作为国际良好实践，这套机制的建立有助于海外矿业项目 ESG 合规的有效管理。保全机制包括：

（1）ESG 或可持续发展部门成立内部审计小组，定期（每月、每季度或每年）对 ESG 管理要点进行内部评估和审核，并提出整改和提升意见。

（2）ESG 委员会聘请第三方独立审计公司，对项目的建设和运营进行定期（如每季度）的 ESG 外部评估和审核，提供审核报告、整改措施和行动方案建议。对于有争议的审计结果，提交 ESG 或可持续发展委员会进行裁决。

（3）ESG 或可持续发展委员会领导项目的 ESG 合规管理，定期（如每季度）召开可持续发展会议就外部审核意见进行讨论与裁决，与重要利益相关方进行 ESG 绩效沟通等。

3. 披露系统

ESG 的合规动态及相关活动应及时、透明、系统地披露。中国企业"走出去"应该改变以往披露不及时，遇到争议不回答、不出面澄清、不接受采访的做法，主动通过母国政府网站、东道国政府网站、社交媒体平台，采用软文、图片、视频等人性化的方式，生动讲述海外矿产资源项目 ESG 合规管理工作，并主动引导社会舆论方向，回应利益相关方的关切问题。目前连续发布海外社会责任报告和可持续发展报告的中国企业不多，这不利于企业负责任形象在利益相关方心中的树立。

国际矿业公司不仅在其公司网站及时、系统地披露 ESG 的相关信息，还通过专业的网络媒体和行业媒体主动披露合规信息。

通过举办专业的研讨会（workshop），如生物多样性专题 NGO 研讨会，进行系统的信息披露和广泛、深入的宣传，是国际公司通行的有效披露与沟通途径，有利于彰显企业为当地创造的经济、社会、环境综合价值，助力企业打造负责任的公司和中国作为负责任大国的国际形象。

总之，海外矿产资源丰富，蕴藏着巨大的投资机遇。特别是非洲与南美地区矿种齐全，矿藏质量高，开采能耗、成本低，符合低碳原材料的绿色产业要求。中国企业在矿产资源项目的开发全生命过程中秉承 ESG 合规理念，按照国际通行规则和要求，建立 ESG 的策略与体系，及时、主动、系统地披露 ESG 相关信息，不仅可以为项目的实施保驾护航，履行企业绿色低碳的社会责任，还会获得可观的投资回报。

图书在版编目（CIP）数据

ESG 合规管理实务与前沿问题 / 蒋姮，王志乐主编
. -- 北京：社会科学文献出版社，2023.7
ISBN 978 - 7 - 5228 - 1843 - 6

Ⅰ.①E… Ⅱ.①蒋… ②王… Ⅲ.①企业环境管理 -
研究 - 中国 Ⅳ.①X322.2

中国国家版本馆 CIP 数据核字（2023）第 098458 号

ESG 合规管理实务与前沿问题

主 　　编 / 蒋 　姮 　王志乐

出 版 人 / 王利民
组稿编辑 / 恽 　薇
责任编辑 / 冯咏梅
文稿编辑 / 郭锡超
责任印制 / 王京美

出 　　版 / 社会科学文献出版社 · 经济与管理分社 （010）59367226
　　　　　　地址：北京市北三环中路甲 29 号院华龙大厦 　邮编：100029
　　　　　　网址：www. ssap. com. cn
发 　　行 / 社会科学文献出版社 （010）59367028
印 　　装 / 三河市龙林印务有限公司

规 　　格 / 开 本：787mm × 1092mm 　1/16
　　　　　　印 张：17.25 　字 数：229 千字
版 　　次 / 2023 年 7 月第 1 版 　2023 年 7 月第 1 次印刷
书 　　号 / ISBN 978 - 7 - 5228 - 1843 - 6
定 　　价 / 98.00 元

读者服务电话：4008918866